FRUSTRATION

Crédits photos : Billy Huynh, Carl Heyerdahl, Cathryn Lavery, Claudio Schwarz, Ella Ivanescu, Larkus Spiske, Markus Spiske, Claudio Schwarz, Robert Anasch, Sebastien Ramage, Siena Nisavic et Thomas Lipke sur **Unsplash**

Illustrations pages 4, 5, 9, 18, 19, 20, 24, 25, 26, 27, 75, 129, 158, 159 et 160 : **Quentin Poilvet**

Pour échanger ou proposer vos témoignages, contributions, idées :
redaction@frustrationmagazine.fr

Frustration magazine est un média en ligne et papier, accessible gratuitement ici :
www.frustrationmagazine.fr

Retrouvez-nous sur
Twitter : @Frustration_web
Facebook : Frustration magazine
Instagram : @frustrationmag

Frustration la revue, association loi 1901,
Leu dit La Pertuzerie 17350 Saint-Savinien

Éditions Les Liens qui libèrent,

société SAS au capital de 10 500 €,
25 rue du Docteur Blanchard 30700, Uzès

représentée par Monsieur Henri Trubert
et Madame Sophie Marinopoulos.

www.editionslesliensquiliberent.fr

FRUSTRATION

LE MAGAZINE DE LA GUERRE DES CLASSES

LES
LIENS QUI
LIBÈRENT

ÉDITO

ET MAINTENANT,

Cette question est sur toutes les lèvres dès lors qu'on s'accorde sur le constat suivant : la classe bourgeoise nous mène une guerre, qu'on appelle guerre des classes et qui consiste à augmenter son pouvoir et ses richesses au détriment de tous les autres. Cette affaire broie des vies humaines depuis plus de deux siècles, brise des corps au travail et condamne les autres à la pauvreté et à la misère, partout dans le monde. Tout le monde ? Non, une petite classe intermédiaire, sous-bourgeoise, située entre les possédants et nous, tire son épingle du jeu. Elle est payée pour nous raconter que ce monde est génial et qu'il faut poursuivre la fuite en avant capitaliste. Dans tous les domaines de la société, des jeunes diplômés d'école de commerce et leurs antipathiques équivalents tentent d'étendre la logique marchande à tout ce qui était auparavant gratuit, altruiste ou peu coûteux. Ils créent un monde dégueulasse, moche et qui n'est même pas soutenable écologiquement.

ON FAIT QUOI ?

C'est pour cela que la révolte gronde et que, de plus en plus souvent au fil du temps, de grands mouvements de contestation émergent, se heurtent au pouvoir en place, à la propagande médiatique, aux faux alliés et aux pseudos-négociations et, quasi systématiquement, échouent. D'où la question, en particulier après la défaite du très vaste mouvement contre la réforme des retraites, début 2022 : « Et maintenant, on fait quoi ? »

D'abord, on tire les leçons de nos échecs ou de nos difficultés : il nous semble, à Frustration, que ce n'est pas la volonté de changement qui manque mais les techniques pour y parvenir. Il y a beaucoup à dire, par exemple, sur notre façon de nous engager politiquement, syndicalement ou dans des ONG et ça tombe bien car, ailleurs, par exemple aux États-Unis où les ouvriers de l'automobile ont mené des grèves offensives victorieuses, d'intéressantes leçons en la matière nous sont données et nous avons voulu, dans ce numéro annuel, les analyser.

Ensuite, on évite de se laisser embourber dans l'idéologie dominante : c'est un travail que nous menons chaque semaine sur notre magazine web et que nous avons continué ici. Les bourgeois nous donnent des complexes, se font passer pour plus intelligents qu'ils le sont et nous assènent en prime de grandes leçons de santé mentale qui, le plus souvent, nous font nous sentir encore plus seuls et plus bêtes. La désintoxication collective doit continuer.

Enfin, on tente d'entretenir une culture victorieuse en nous intéressant à ce qui marche, à ce qui progresse, à ce qui nous réussit : c'est pour cela que nous avons demandé à dix personnalités, dont les propos, les combats ou les écrits nous plaisent, ce qui les rend optimistes ces derniers mois et ce qu'elles croient nécessaire de faire à présent.

Dans cet esprit de victoire, conscient de l'importance du sentiment de puissance collective qui nous anime, nous espérons que vous trouverez dans ce numéro annuel du carburant pour continuer de vous battre, de vous révolter, d'espérer et, tout simplement, de vivre.

SOMMAIRE

NICOLAS FRAMONT
Rédacteur en chef

ROB GRAMS
Rédacteur en chef adjoint

FLORINE BELAUD
Responsable de rédaction

ANTOINE GLORIEUX
Illustrateur,
professeur de collège

QUENTIN POILVET
Graphiste

GUILLAUME ETIÉVANT
Responsable de rubrique économie

THIBAUT IZARD
Responsable web

LÉA HAMADI
Responsable vidéo

ADÈLE K.
Autrice,
professeure des écoles

CLÉMENT SÉNÉCHAL
Auteur,
militant écologiste,
ancien porte-parole climat
de Greenpeace France

CHRISTOPHE LE BOUCHER
Auteur,
spécialiste des États-Unis

MAXIME DEVARS
Auteur,
infirmier en psychiatrie

1

DES NOUVELLES DU FRONT

POURQUOI LES PATRONS, LES MÉDECINS ET LES BOURGEOIS SONT CEUX QUI

L'actualité médiatique se tourne tous les deux mois vers le sujet de la « fraude sociale », un ensemble vague de pratiques visant à « profiter » de la Sécurité sociale en sous-déclarant de façon intentionnelle ses revenus, sa situation de famille, etc. pour avoir droit à davantage de prestations. « *Ce qui énerve les Français, c'est la voisine de palier qui touche une allocation de mère isolée et y'a un loulou dans le circuit ; c'est le frère qui utilise la carte Vitale du gars assuré social, alors que lui ne l'est pas parce qu'il est en situation irrégulière ; c'est le ferraillou qui roule en Mercedes et qui touche le RSA. C'est ça qui énerve les Français et pas la fraude fiscale.* » : cette phrase bien puante a été prononcée le 3 juin 2023 par Roselyne Bachelot, femme politique et médiatique, fille de dentistes, elle-même pharmacienne puis éternelle politique. Bref, quelqu'un dont les revenus ont toujours été dépendants de la Sécurité sociale ou de l'État. Elle se base sur une série de clichés, pas toujours clairs (« y'a un loulou dans le circuit ») et identifiables grâce à une série d'objets

FRAUDENT LE PLUS

médiatiquement associée à la fraude des pauvres : la Mercedes évidemment, mais aussi la télévision à écran plat achetée avec l'allocation de rentrée scolaire – un bon pauvre doit conserver sa télé à tubes cathodiques achetée en 1992 ; ou encore la carte Vitale prêtée au copain sans papiers – pauvres et étrangers, dans la tête d'un bourgeois médiatique, c'est la même engeance.

C'est pour répondre à ce dernier cliché sur la fraude – la carte Vitale qui fait le tour du quartier - que Gabriel Attal, à l'époque ministre des comptes publics, a annoncé en mai 2023 un projet de fusion de la carte Vitale et de la carte d'identité. Ainsi, il sera plus difficile d'utiliser la carte Vitale du « frère en situation irrégulière » et d'utiliser une ancienne carte Vitale, ou un doublon. Sauf que cette situation décrite par Roselyne Bachelot, suscitant visiblement les inquiétudes de Gabriel Attal, est ultra marginale, pour la simple et bonne raison que, comme nous l'indiquait la Cour des comptes dans son rapport de mai 2023 – cette institution chargée de mettre son nez dans les finances de toutes les institutions de l'État et de la Sécurité sociale – *« il n'existe plus de cartes Vitale en surnombre pour les assurés du régime général de Sécurité sociale depuis 2018 et, dans les autres régimes, le nombre de cartes surnuméraires est désormais marginal (moins de 1 000 fin septembre 2022, concentrées dans les régimes des Mines, de l'Assemblée nationale et du Sénat, contre 2,4 millions fin 2018) »*. Tiens donc, il y aurait des cartes Vitale doublonnées à l'Assemblée nationale et au Sénat ?

UNE ENQUÊTE DE NICOLAS FRAMONT

TANT QUE LE NON-RECOURS AUX PRESTATIONS DUES N'EST PAS RÉGLÉ, LA FRAUDE DES USAGERS NE DEVRAIT PAS ÊTRE UN SUJET : DE FAIT, ELLE NE NOUS COÛTE RIEN.

LA FRAUDE DES MÉDECINS ET DES PHARMACIENS DONT ON NE PARLE JAMAIS

L'arnaque à la carte Vitale, nous dit encore la Cour des comptes, peut aussi permettre « *la facturation de soins fictifs en tiers payant par un professionnel de santé* ». Ah bon ce n'est pas que les « frères » qui fraudent ? Pas du tout. En fait, la fraude des particuliers est très marginale quand on parle de « fraude sociale ». Fin 2022, l'Assurance maladie communiquait sur le résultat de sa détection annuelle de fraude : *« Sur les 315,8 M d'€ de préjudices détectés et stoppés l'an dernier, près des trois quarts portent sur des frais de santé, pour l'essentiel facturés à tort par des professionnels de santé (consultations, actes, remboursements de soins et de médicaments, etc.) »* constatait-elle. On apprenait aussi les petites combines de pharmaciens : *« L'année 2022 a également été marquée par des escroqueries portant sur des délivrances de tests antigéniques aux professionnels de santé par des pharmacies d'officine, pour un montant de plus de 58 M d'€. »* En fusionnant la carte Vitale avec la carte d'identité pour faire pression sur les usagers, Gabriel Attal ne fait absolument rien d'ennuyeux pour les professionnels responsables donc de ¾ des arnaques à l'assurance maladie.

Les « grands plans de lutte contre la fraude » des gouvernements successifs sont essentiellement centrés sur la fraude des usagers. Sauf qu'en la matière, il est très difficile de distinguer la fraude intentionnelle de l'erreur ou de l'oubli : il s'agit, le plus souvent, d'un problème de déclaration de situation, ou de non-déclaration d'un changement. La fraude des professionnels est nettement moins difficile à estimer, puisque nous avons affaire à des entreprises organisées dotées d'une administration – des gens sont payés pour faire ce que vous, simple particulier, risquez d'oublier. Mais lorsque cela concerne les professionnels, la confusion est moins difficile à faire : l'année dernière, on apprenait qu'à eux seuls, 36 pharmaciens étaient accusés d'avoir arnaqué l'assurance maladie grâce aux tests Covid pour un montant total de 53 millions d'euros. Derrière ces faits spectaculaires, la fraude des professionnels de santé se traduit par des actions plus quotidiennes et banales : facturer des actes qui n'ont pas eu lieu, changer la nature de ceux réalisés pour qu'ils soient mieux rémunérés, etc.

Il existe ensuite un autre type de fraude qui ne concerne pas les usagers : la fraude aux cotisations sociales. Il s'agit des entreprises qui ne payent pas leurs cotisations à l'Urssaf et qui, de ce fait, font perdre de l'argent à la Sécurité sociale.

LA FRAUDE SOCIALE DES USAGERS DE PRESTATION SOCIALE NE NOUS COÛTE RIEN

Bref, le terme médiatico-politique de « fraude sociale » n'a absolument aucune consistance car il se réfère à des situations qui n'ont rien à voir en termes de montant, d'intentions et de mécanisme :

D'un côté, nous avons la fraude des usagers, qui concerne des prestations telles que le RSA et dont il est difficile de démêler la fraude intentionnelle de l'erreur, surtout que l'on parle souvent de personnes qui sont dans des situations compliquées face à des administrations complexes, à tel point que le fait majeur est le non-recours aux prestations : le ministère de la Santé estime à un tiers le nombre de ménages éligibles au RSA qui ne le demandent pas. Un tiers ! À titre de comparaison, seuls 3.2 % des prestations distribuées peuvent être considérées comme frauduleuses, comme le démontraient les économistes Yannick L'Horty et Rémi Le Gall, ainsi que Sylvain Chareyron, dans le *JDD*, le 1er juin 2023. C'est la lutte contre ces 3.2 % de fraudes qui aggrave le phénomène du non-recours, en raison des contrôles et des contraintes croissantes qui pèsent sur nous... Nous sommes de plus en plus nombreux à renoncer aux prestations auxquelles nous avons le droit. Et pourtant, le ministère des Finances expliquait le 30 mai 2023 au journal La Croix que « *dans beaucoup de cas, la fraude au RSA est le fait de réseaux mafieux* » avec le recours à des piratages informatiques pour détourner des prestations dues à des usagers. Cette fraude n'est pas exclusivement le fait du voisin de palier ou du cousin par alliance de votre belle-sœur. La fraude et/ou les omissions des usagers coûtent entre 2.5 et 3.5 milliards d'euros par an à la Sécurité sociale selon les estimations de la Cour des Comptes... Ce qui est compensé par les 3 milliards d'euros de prestations non versées chaque année en raison du non-recours à ses droits. Tant que le non-recours aux prestations dues n'est pas réglé, la fraude des usagers ne devrait pas être un sujet : de fait, elle ne nous coûte rien.

De l'autre côté, nous avons donc la fraude des professionnels, qui pèse bien plus lourd. Elle représente donc, selon les rapports, entre 70 et 80 % des fraudes estimées envers l'assurance maladie, tandis que la fraude aux cotisations des entreprises privées fait perdre chaque année 8 milliards d'euros à la Sécurité sociale. Une perte nette et sèche. Quant à la fraude des

professionnels de santé, elle est estimée par la Cour des comptes à 1 milliard d'euros. Attention, parmi ce milliard, sont comptabilisées plusieurs dizaines de millions d'euros « d'arrêts maladie de complaisance », terme inventé pour fliquer les médecins et leur propension à proposer des arrêts maladies aux gens qui vont mal au travail, entre autres.

Enfin, il y a évidemment la fraude fiscale, qui concerne exclusivement les bourgeois, sous-bourgeois et petits bourgeois. Car oui, pour les clampins moyens comme nous, salariés sans patrimoine, la déclaration d'impôts est assez facile à remplir : il n'y a que quelques chiffres à entrer, le plus souvent pré-remplis. Mais pour les gens friqués, la déclaration d'impôts regorge de recoins dans lesquels s'engouffrer pour déclarer et payer le moins possible. Mais le moyen le plus sûr reste de mettre son argent à l'étranger. La fraude fiscale est évaluée par le syndicat Solidaires Finances Publiques à une fourchette comprise entre 80 et 100 milliards d'euros. Cela comprend une fraude provenant des entreprises, notamment le contournement de l'impôt sur les sociétés, mais aussi la fraude à la TVA et enfin toute une série de déclarations frauduleuses visant à réduire artificiellement son patrimoine et ses revenus pour payer moins d'impôts. Il existe ensuite au niveau mondial tous les montages financiers évitant aux entreprises et aux grandes fortunes de payer leurs taxes sur le capital en France, mais plutôt dans des paradis fiscaux où elles sont inexistantes : cette catégorie-là n'est pas considérée comme de la fraude, puisqu'elle est « légale ». Elle n'en est pas moins extrêmement coûteuse pour les finances publiques.

RÉSUMONS :

- La fraude des usagers nous coûte 3 milliards d'euros par an, elle n'est pas toujours intentionnelle, elle peut être, nous dit le ministère des Finances « le fait de réseaux mafieux » et elle est compensée par les 3 milliards d'euros de prestations non-perçues en raison, notamment, du flicage anxiogène que les gens subissent à cause de la lutte contre la fraude.
- La fraude des professionnels de santé coûte 1 milliard d'euros, on peut facilement dire qu'elle est intentionnelle, car elle concerne des professionnels formés et informés mais personne n'en parle.
- La fraude aux cotisations sociales coûte 8 milliards d'euros, elle est le fait des entreprises privées, elle est intentionnelle et elle marque la présence de travail dissimulé, ce qui prive de droits sociaux nombre de travailleurs.
- La fraude fiscale nous coûte entre 80 et 100 milliards d'euros, elle est le fait des personnes aisées et des entreprises privées, elle est intentionnelle. Des entreprises existent pour vous conseiller de mieux frauder, pardon, optimiser.
- Contre qui le gouvernement a-t-il décidé de durcir les sanctions ? Contre la catégorie qui ne coûte rien, qui est déjà harcelée au point que ses membres préfèrent renoncer à percevoir leur dû.

SUTHERLAND A FONDÉ LA THÉORIE DE L'ASSOCIATION DIFFÉRENTIELLE : ELLE CONSISTE À DIRE QU'UN MILIEU SOCIAL CONSTITUE UN LIEU D'APPRENTISSAGE DE L'ÉCART AUX NORMES, DE LA DÉFINITION DE CE QUI EST NORMAL OU ACCEPTABLE, PARFOIS NON-CONFORME AUX NORMES DE LA SOCIÉTÉ DANS SON ENSEMBLE.

POURQUOI LES CLASSES SUPÉRIEURES PEUVENT TRICHER

Si les classes supérieures fraudent autant, c'est d'abord parce qu'elles en ont les moyens. Gestionnaires de patrimoine pour les riches, banques d'affaires pour les entreprises, impunité pour les professionnels de santé... Ce sont elles qui ont les leviers permettant de payer ou non, de déclarer ou pas, de déplacer leurs fonds ou non. Les moyens du commun des mortels sont nettement plus limités.

Ensuite, le rapport à la légalité des plus riches est beaucoup plus détendu : c'est ce que le criminologue américain Edwin H. Sutherland appelait « *le crime en col blanc* » – c'est un acte illégal commis par une personne respectable, de statut social élevé, dans son cadre professionnel. Pour lui, la criminalité des classes supérieures est systématiquement sous-estimée, car d'une part, les classes supérieures utilisent leur puissance politique et financière pour échapper aux condamnations et d'autre part, des systèmes juridiques spécifiques existent pour les milieux d'affaires et les professions bien établies. C'est le cas des professionnels de santé, dont les actes doivent être signalés aux Ordres (des médecins, des pharmaciens), qui sont des instances parallèles, et qui plus est, corporatistes. On est loin du bénéficiaire des allocations chômage dont les droits peuvent être suspendus au moindre doute.

Sutherland insiste sur le fait que le coût financier des crimes en col blanc est beaucoup plus grand que tous les crimes et délits communs en raison du statut des auteurs et des montants détournés/volés. Effectivement, un grand patron qui choisit de frauder le fisc nous coûtera bien plus cher qu'un allocataire du RSA qui n'a pas déclaré qu'il avait trouvé un petit boulot... Pourtant, devinez de qui on parle le plus ?

Sutherland a fondé la théorie de l'association différentielle : elle consiste à dire qu'un milieu social constitue un lieu d'apprentissage de l'écart aux normes, de la définition de ce qui est normal ou acceptable, parfois non-conforme aux normes de la société dans son ensemble.

Fraude fiscale : 100 milliards d'€

Fraude aux cotisations sociales : 8 milliards d'€

Fraude des usagers : 3 milliards d'€

Fraude des professionnels de santé : 1 milliard d'€

Et l'on ne peut que constater que dans les milieux bourgeois, il se raconte que la loi qui s'applique aux Français moyens ne vaut pas nécessairement pour celles et ceux qui, bien nés, ont de grosses responsabilités et méritent un traitement différent. Il suffit de voir l'expression d'horreur des bourgeois quand l'un des leurs est traité, de façon souvent très éphémère, comme un justiciable ordinaire : Dominique Strauss-Kahn menotté après avoir été accusé de viol à New York ou Balkany en prison pour blanchiment de fraude fiscale. Quand son argent et son réseau permettent de résoudre tous les problèmes, comment considérer que la justice des simples citoyens s'applique à nous ?

Le rapport à la fraude fiscale est tout à fait décomplexé dans les milieux bourgeois. Au-delà des opérations frauduleuses, ils ont de très nombreuses personnes qui les aident à contourner le plus possible l'impôt via des techniques « d'optimisation fiscale » consistant à prendre les meilleures décisions (statut d'entreprise, mode de transmission aux enfants, investissement dans des fondations, etc.) pour payer le moins possible. En 2016, la banque suisse UBS était dénoncée par la presse internationale pour ses pratiques de soutien à la fraude fiscale. Pendant plusieurs années, la banque aurait démarché illégalement des contribuables français pour les aider à ouvrir un compte à l'étranger. L'enquête nous donne une idée du profil-type du fraudeur fiscal à la sauce UBS, et croyez-moi, ce n'est pas votre voisin de palier : « *Les contribuables issus du monde médical* [tiens donc, encore eux !] *détiennent un compte illégal sur dix détectés à UBS. Ils devancent les contribuables issus de la finance (courtiers, banquiers), détenteurs de 8 % des comptes illégaux, et ceux issus du monde scientifique (8 % des avoirs illégaux) (...) Les sportifs constituent environ 4,5 % des profils renseignés. Dans la liste des évadés, on trouve aussi des chefs d'entreprise (avec une forte prédominance des secteurs du commerce de gros et du textile), des avocats, ou encore des commerçants (bouchers, coiffeurs).* » Bref, que des gens respectables.

Cette décomplexion face à la fraude et au contournement de l'impôt nous laisse d'ailleurs penser que si les riches sont à ce point obsédés par l'idée que les pauvres arnaquent la CAF dès qu'ils le peuvent, c'est parce que c'est ce qu'ils feraient à leur place...

LA CLASSE BOURGEOISE EST UNE CLASSE FRAUDEUSE

C'est même scientifiquement prouvé. En 2012, une équipe de chercheurs en psychologie montrait que la richesse favorise la triche : à partir d'une série d'expériences psychologiques (observer les refus de priorité à un carrefour selon le type de véhicule, faire participer des gens de toutes les classes sociales à des jeux où la triche était possible, etc.), ils ont établi, dans la prestigieuse revue *Proceedings of the National Academy of Sciences (PNAS)* que *« an Higher social class predicts increased unethical behavior »* – ce que l'on peut traduire par : « Une classe sociale plus élevée favorise l'augmentation des comportements contraires à l'éthique ». Bref, les bourgeois sont plus susceptibles de tricher que les autres. Mais l'aura dont ils jouissent, l'impunité dont ils bénéficient et toutes les ressources dont ils disposent pour se défendre (avocats fiscalistes, Ordre des médecins, etc.) les protègent de la vindicte populaire. En France, en 2023, les riches fraudeurs bénéficient d'une protection toute particulière : ce sont les pauvres qui sont sous le feu des projecteurs, et c'est contre eux que le gouvernement va agir, avec le soutien de récits médiatiques qui épargnent la bourgeoisie tricheuse.

Et il faudrait enfin parler de la fraude légale : l'exploitation du travail par ceux qui possèdent le capital est une atteinte aux principes de base de la vie en collectivité. Ce sont ceux qui travaillent qui devraient en récupérer les fruits. Mais au royaume capitaliste du vol, c'est légal. Les licenciements de masse et les délocalisations étaient légaux. Il a été possible, pour des entreprises et leurs actionnaires, de supprimer des emplois correctement payés ici pour exploiter et maltraiter ailleurs. C'est légal. La destruction de notre écosystème, l'épandage de pesticides dangereux est légale. S'acheter des yachts immenses et des avions privés à l'heure des grandes inondations et des grandes canicules est légal... Pas étonnant que les riches aient des difficultés à se sentir mal à propos de leurs fraudes et de leurs triches, guère différentes de l'ensemble de leurs actions habituelles.

Souvenez-vous de cette réalité la prochaine fois que quelqu'un, devant vous, accablera les « assistés », les « tricheurs » et les « fraudeurs ». Nous savons maintenant de qui il s'agit. ▪

Mise à jour de l'article du même nom du 6 juin 2022

MISE AU POINT

À longueur de plateaux de télévision ou de dîners de networking, les bourgeois étalent leurs références. Bien plus qu'un amour réel pour la culture, la lecture littéraire ou la pensée, il s'agit d'une stratégie d'intimidation, de reconnaissance et de distinction. Bien souvent, ce vernis est une falsification qui ne repose sur rien ou presque rien. Petite proposition d'auto-défense pour faire face à cette arnaque et nous libérer de complexes qui n'ont pas lieu d'être.

ROB GRAMS

QUI A LA PLUS GROSSE BIBLI ?

ROB GRAMS

Qui a la plus grosse bibli ?

Le mythe du bourgeois qui a tout lu

FRUSTRATION

APPRENDRE À SIMULER DES LECTURES, UN ESSENTIEL DE LA FORMATION BOURGEOISE

La lecture, ou plutôt sa mise en scène, ainsi que la mobilisation, souvent hors contexte, de références est une technique d'intimidation facile et classique de la bourgeoisie. Mais il est primordial de toujours garder en tête que, comme souvent, les mystifications autour de la bourgeoisie reposent sur du vent et que celle-ci lit infiniment moins que ce qu'elle prétend.

On ne naît pas menteur, on le devient. Faire croire que l'on a une culture que l'on n'a pas avec aplomb, cela s'apprend et nécessite des techniques.

C'est notamment le cas pendant les études des bourgeois et plus particulièrement dans les classes préparatoires aux grandes écoles, et surtout, pendant ces grandes écoles : les écoles de Sciences Po sont les maîtres dans le domaine, les écoles de commerce suivent. On y apprend à faire semblant d'avoir lu des livres que l'on n'a pas lu : faire des petites fiches de lecture avec des informations pompées sur Internet, apprendre des citations par cœur à l'aide de dictionnaires de citations ou d'ouvrages synthétiques de culture générale, que l'on pourra ensuite réutiliser dans ses copies.

Apprendre des centaines de citations fait effectivement partie des conseils pour intégrer Sciences Po et réussir les épreuves de culture générale (une partie de ces épreuves a été supprimée, mais cela est très récent). En effet, un site au titre explicite comme integrersciencespo.fr propose par exemple des centaines de citations de culture générale à apprendre par cœur, classées par thèmes ou par auteurs. Le livre d'Eric Cobast, *Petites leçons de culture générale* dont l'objectif avoué est de préparer aux concours, propose le même genre de compilations. Si ce travail de singe savant peut sembler un peu pénible et un peu ardu, il faut se rappeler que cela est un effort bien moindre par rapport au bénéfice : pouvoir mobiliser une culture imaginaire tout le reste de sa vie. Car apprendre quelques centaines de citations, cela suffit pour faire le job.

Dans les Instituts d'Études Politiques (les « Sciences Po »), le temps que les étudiantes et étudiants peuvent consacrer à la lecture complète d'ouvrages est assez limité. Il est très courant d'avoir une semaine pour faire un exposé à quatre sur un courant de pensée (le « marxisme »), un sujet ardu d'économie (« le keynésianisme », « l'euro »...), une figure historique ou artistique (« Robespierre », « Proust »...). Il faut également être en mesure de pouvoir faire des oraux et des dissertations sur presque n'importe quel sujet. Cela ne laisse clairement pas le temps de lire les auteurs qui permettraient de faire un bon travail. Même surprise du côté de Guillaume, ancien étudiant de Sciences Po Bordeaux : « *J'étais hyper surpris en arrivant dans l'école de voir que les bourgeois ne lisaient rien, à part les livres au programme, et encore* ».

Le seul moyen d'y arriver est donc de mettre en place des techniques, d'avoir quelques auteurs et citations, sur chaque thème, mobilisables à chaque fois.

GRANDES ÉCOLES ET PLATEAUX DE TÉLÉ : MÊME MÉTHODE

Si cela vous rappelle quelque chose, c'est parce que cette méthode est évidemment reproduite sur les plateaux de télévision, en particulier dans les émissions de débat car le contexte y est assez similaire : il faut pouvoir parler de n'importe quel sujet rapidement, être expert sur tout c'est-à-dire être expert sur rien, mais sans trop passer pour un con. La sensation recherchée chez le spectateur doit être celle de l'infériorité : « *Ohla ! qu'est-ce que je pourrais répondre, moi, à ce type, il a TOUT lu...* » Non il s'appuie simplement sur le fait qu'il est statistiquement probable que vous n'ayez pas lu le livre dont il parle. Si c'est le cas, il y a de grandes chances que vous soyez parfaitement exaspéré, mais ce ne sera de toute façon pas le cas du journaliste ou des autres invités qui s'abstiendront de relever les débilités que l'on fait dire à un auteur probablement décédé.

Dans les milieux des médias, des personnes (souvent des stagiaires) sont même payées pour faire, sur des livres, des fiches de lecture aux bourgeois qui prétendent ensuite les avoir lus. On ne peut raisonnablement pas préparer et animer une émission quotidienne matinale de télévision ou de radio cinq jours par semaine, en invitant des tas d'auteurs, et prétendre réellement lire leurs ouvrages. Les auteurs en question s'en rendent très vite compte mais, promo oblige, n'insistent généralement pas trop lourdement sur ce point au risque d'embarrasser inutilement leur interlocuteur, ce qui n'aurait pas beaucoup d'intérêt pour eux.

UN SIGNE QUI NE TROMPE PAS : LES CITATIONS HORS CONTEXTE À GOGO

Toutefois, il n'est pas si difficile de voir que ces gens ne lisent pas, ou peu. Un signe symptomatique est l'utilisation faite des citations : celles-ci sont souvent égrenées parfaitement hors contexte et de manière totalement contraire à l'esprit des auteurs cités. Lorsque l'on a lu un auteur et qu'on le respecte, on s'abstient évidemment de ce type de manipulations.

On pourrait d'ailleurs lister certaines de ces personnes amatrices de citations, qui utilisent des auteurs, en isolant des bouts de phrases, pour leur faire dire absolument le contraire de ce qu'ils étaient et ont défendu dans leur vie et leur œuvre : Raphaël Enthoven, Michel Onfray, Christiane Taubira, Jacques Sapir, Paul Melun, Eric Zemmour, Gérald Darmanin...

Et inversement faire la liste, pas si longue en vérité, des auteurs qui sont tout le temps mobilisés parce qu'il est très facile de trouver leurs citations : Jean Jaurès, Voltaire, Winston Churchill, Charles De Gaulle, Karl Marx, Antonio Gramsci, Aimé Césaire, Montesquieu, Trotski, Aron, Albert Camus, Simone Veil, Victor Hugo...

Quelques exemples donc.

En réaction à la violence des émeutes qui ont fait suite au meurtre du jeune Nahel par la police, Jean-Pierre Raffarin, premier ministre de 2002 à 2005 sous Chirac, citait… Jean Paul Sartre. « *Quand Jean Paul Sartre lançait l'idée selon laquelle "l'homme est innocent de lui-même" il a servi la légitimation de la violence* ». Guillaume de *Frustration*, rappelait donc que « *Sartre légitime une certaine violence révolutionnaire non pas car les hommes seraient innocents, mais au contraire car ils sont pleinement responsables de leurs actes. Mais pour le savoir il faudrait le lire et non pas sortir une citation hors de son contexte et sans la sourcer.* »

Dans l'un de ses articles pour *Valeurs Actuelles*[1], le chroniqueur CNEWS Paul Melun, ancien sciences-piste, cite *L'Armée Nouvelle* de Jaurès. C'était déjà ce livre qu'il disait être en train de lire lors de ses premiers passages TV réguliers en 2021 chez CNEWS, ou lors d'un reportage chez lui pour M6 où il allait chercher le livre dans sa grosse bibliothèque. Étrangement, il le citait déjà dans son ouvrage de 2019, *Les Enfants de la Déconstruction*. Doit-on en conclure que cette lecture lui a pris deux ans ? Qu'il avait cité un livre qu'il n'avait même pas fini dans son essai ? Ou bien que la lecture d'un seul livre d'un auteur permet de capitaliser dessus, des années durant, en se faisant passer pour un « passionné de Jaurès » ?

Alors qu'il se moquait d'Anasse Kazib, porte-parole de Révolution Permanente et ouvrier syndicaliste, pour n'avoir pas lu certains des ouvrages de Marx et Lénine, l'économiste Jacques Sapir se faisait rembarrer brillamment par Marina Garrisi, éditrice aux Éditions Sociales, les éditions historiques des publications de Karl Marx. Au-delà du fait que cela n'ait pas de réel intérêt de lire l'intégrale de Marx à part si on est chercheur sur le sujet, l'éditrice nous rappelait justement qu'il n'existe même pas d'édition complète des textes de Marx, ni en français, ni en langue originale. À tout cela il répondait : « *Le même Lénin qui disais "étudiez, étudiez, étudiez toujours" ce que vous avez magistralement oubliez pour tomber dans des effets de modes, si ce n'est des effets de manches…* »[2] Mais Lénine était un révolutionnaire bolchévique russe, pas un coach en développement personnel « inspirant » dont on pourrait isoler une

Pas mal la déco, non ?

LÉNINE ÉTAIT UN RÉVOLUTIONNAIRE BOLCHÉVIQUE RUSSE, PAS UN COACH EN DÉVELOPPEMENT PERSONNEL « INSPIRANT » DONT ON POURRAIT ISOLER UNE PHRASE POUR LUI FAIRE DIRE N'IMPORTE QUOI, OU POUR ANIMER UN SÉMINAIRE DE MANAGEMENT.

phrase pour lui faire dire n'importe quoi, ou pour animer un séminaire de management. C'est un exemple de citation qui ne veut rien dire, de pur artifice, dont le seul objet est de tenter de signifier à son interlocuteur que l'on a lu Lénine et que cela devrait faire autorité. Lénine a probablement dit dans sa vie « le café est bon ce matin » ou « flemme de cette journée » (en langage soutenu russe des années 1910), ça n'en fait pas des phrases constitutives de la pensée léniniste. C'est donc une falsification, une trahison.

Les révolutionnaires russes ont d'ailleurs bonne presse chez les réacs puisque Didier Lallement, l'ancien préfet de police de Paris désormais célèbre pour sa gestion ultraviolente de la mobilisation des Gilets Jaunes (ou pour ses injures aux malades et morts du Covid), citait Trotski dans sa carte de vœux de 2021 aux élus d'Ile-de-France, en tirant une phrase des *Ecrits Militaires* : « *Je suis profondément convaincu, et les corbeaux auront beau passer, que nous créerons par nos efforts commun l'ordre nécessaire. Sachez seulement et souvenez-vous bien que, sans cela, la faillite et le naufrage sont inévitables.* » Tout laisse pourtant à penser que le sort d'un Didier Lallement russe, à l'époque où Trotski dirigeait d'une main assez rigide l'Armée Rouge, aurait été peu enviable.

Autre exemple drolatique, le ministre de l'Intérieur, Gérald Darmanin, s'écriant, pour rendre hommage à notre formidable police, « *Alexandre Dumas écrivait dans les années 1850 "qu'un pays sans police est un grand navire sans boussole et sans gouvernail".* » La lecture du texte original, *Les Mohicans de Paris*, plutôt qu'une recherche de mot-clé « police » sur Evene.fr, lui aurait permis de connaître la suite, moins flatteuse (mais peut-être plus vraie ?) : « *D'où vient donc, alors, que, pour occuper cette fonction importante, pour remplir cette mission conservatrice, on choisit d'ordinaire des idiots de la plus laide espèce (...) Je vais vous le dire : c'est que la police, au lieu de s'occuper des grandes questions gouvernementales, entre dans les détails les plus infimes et se laisse aller à des préoccupations tout à fait indignes d'elle.* » Dans le même genre, et toujours pour défendre la police, il convoquait une autre fois un classique des sciences politiques en affirmant que : « *C'est vieux comme Max Weber (...), la police exerce une violence, certes, mais une violence légitime* ». Ce détournement du sociologue allemand par les réacs français est monnaie courante. Le politiste de plateau, Dominique Reynié disant par exemple sur le plateau de C ce soir : « *La violence policière, c'est la violence légitime. C'est quand même l'État. On ne peut pas considérer que c'est la même chose que la violence manifestante.* » Sauf que la formule de Weber, « *le monopole de la violence légitime* » désigne le fait que l'État, pour exercer son pouvoir et sa coercition, fait accepter l'idée que seule sa violence est légitime. Cela ne signifie en aucun cas que toute violence d'État ou toute violence policière en devient intrinsèquement légitime...

Par souci de pluralisme et pour prendre une illustration un peu plus à gauche, Christiane Taubira est l'experte absolue de l'étalage de culture et de citations totalement hors contexte, par pure caution morale. Il faut dire que le public électoral visé était précisément la petite bourgeoisie qui s'imagine et se veut lettrée. Dans un texte intitulé « *Taubira littéraire ?* » écrit en 2016, François Bégaudeau revenait longuement sur ce cas précis en prenant exemple de son livre *Murmures à la jeunesse* et notait que « *en 90 pages, la fraiche démissionnaire parvient à citer Hugo (deux fois), Fanon (deux fois), Montaigne, Descartes, La Boétie, Camus, Mendès-France, Eluard, Rivière, Césaire, Simone Weil, Darwich, Glissant (deux fois), Laâbi (deux fois). À quoi il faut ajouter Barbara, Nina Simone, Ella Fitzgerald, Juliette Greco, Ferrat, Brel, Oum Khaltoum, Le Forestier – "être né quelque part, pour celui qui est né, c'est toujours un hasard". Ce qui nous fait une citation par double-page.* »

Au-delà des figures médiatiques et politiques, le milieu de l'entreprise n'est pas étranger aux citations toutes pétées, vidées de leur substance. Mais n'en déplaisent aux formateurs de séminaires en management, « d'art oratoire » ou autres as du power-point bullshit, Sun-Tzu écrit pour la Chine du VIe siècle avant JC dans un contexte d'affrontements entre royaumes et Machiavel pour la République florentine dans le contexte très particulier de la Renaissance italienne et de ses jeux de pouvoir, pas pour apprendre à « manager ses collaborateurs avec efficacité » ou à « leader son projet avec la méthode agile ».

UN SIGNE QUI TROMPE ENCORE MOINS… LES FAUSSES CITATIONS

Googler rapidement des citations ou répéter des lieux communs pour faire croire à un immense capital culturel, c'est évidemment prendre le risque de dire absolument n'importe quoi. Et ça arrive en réalité souvent, bien que cela soit évidemment peu relevé.

On l'a dit, parmi les auteurs favoris cités par nos bourgeois : Voltaire. Et parmi elles la citation préférée : « *Je ne suis pas d'accord avec ce que vous dites mais je me battrai jusqu'à la mort pour que vous ayez le droit de le dire.* » Depuis quelques années la citation est essentiellement utilisée pour défendre le droit

LA GROSSE BIBLIOTHÈQUE EST CHEZ LA BOURGEOISIE UN IMPÉRATIF DÉCORATIF COMME D'AUTRES, COMME LA CUISINE AMÉRICAINE, LE MARBRE OU LA DOUCHE À L'ITALIENNE.

pour l'extrême droite de dire des dingueries racistes. Dans un débat face à Alain Finkielkraut, où il défendait le droit de s'exprimer de l'humoriste antisémite Dieudonné, le dessinateur Plantu agitait sa main sur laquelle il avait écrit « Voltaire » en répétant en boucle la citation. Problème : la citation de Voltaire est ce qu'on appelle une « citation apocryphe » c'est-à-dire que, bien qu'elle lui soit attribuée à force d'être répétée, Voltaire n'a jamais dit ou écrit cela. Il faut dire que cette phrase n'est pas brillante : je ne sais pas pour vous, mais moi, parmi toutes les bonnes raisons de mourir pour une cause à laquelle je crois, celle de mourir pour que des fachos aient le droit de dire de la merde, n'arrive vraiment pas en tête de liste.

Toujours dans la catégorie des bourgeois qui cherchent à montrer leur admiration pour Voltaire, Frédéric Lefebvre, à l'époque secrétaire d'État au sein du gouvernement Fillon, présent à la Journée du Livre Politique en 2011, citait « Zadig & Voltaire » comme étant l'ouvrage l'ayant le plus marqué dans sa vie. Rien que ça. Sauf que Zadig & Voltaire n'est pas un livre, mais une boutique de fringues à 200 euros la chemise, notamment présente sur les Champs-Elysées...

Les réacs plus hardcore du type d'Eric Zemmour, grand amateur de citations lui aussi, aiment beaucoup réutiliser des grandes figures pour leur faire dire n'importe quoi. Dans un article publié dans *Le Figaro*[3], sans donc la moindre vérification ou précision, Eric Zemmour écrivait tout un texte autour d'une citation qu'il attribuait au Général De Gaulle : « *Il ne faut pas se payer de mots. C'est très bien qu'il y ait des Français jaunes, des Français noirs, des Français bruns. Ils montrent que la France est ouverte à toutes les races et qu'elle a une vocation universelle. Mais à condition qu'ils restent une petite minorité. Sinon la France ne serait plus la France. Nous sommes avant tout un peuple européen de race blanche, de culture grecque et latine et de religion chrétienne.* » Sans citer sa source, il affirmait que ces propos étaient « *signés du Général De Gaulle* », dont on rappelle que cela veut dire qu'ils auraient été « écrits de la main de ». Problème : De Gaulle n'a jamais écrit cela. Il s'agit de propos rapportés par Alain Peyrefitte, 24 ans après la mort du Général, l'historien Jean-Paul Bled, directeur de la revue *Etudes gauliennes*, rappelant donc qu'il n'y en à « *aucune trace écrite dans ses mémoires ou ses discours (...), il ne peut donc en être comptable* ».

LES EXPERTS AUTO-PROCLAMÉS DES PLATEAUX TÉLÉ N'ONT PAS LU PLUS QUE VOUS ET MOI ET NE SONT PAS CHERCHEURS

Il est important de se rappeler que les bourgeois qui monopolisent les espaces médiatiques, et en particulier la télévision, sont des éditorialistes, des consultants auto-proclamés experts dans un domaine qu'ils auront choisi après un « benchmark » des meilleurs opportunités pour devenir invité professionnel, des journalistes, des essayistes (c'est-à-dire des auteurs de livres d'opinion sans portée ni méthode scientifique), mais pas des chercheurs – quand bien même la confusion est très largement et volontairement entretenue.

Alain Finkielkraut est par exemple souvent présenté comme un philosophe, mais ne dispose que d'une maîtrise de philosophie ; il n'a pas créé de concept, et il n'existe pas de courant de pensée qui pourrait s'incarner dans le terme finkielkrautisme. Finkielkraut n'est donc pas philosophe mais essayiste. De la même manière, beaucoup de chroniqueurs présentés comme des économistes n'ont pas étudié l'économie mais le management.

LA GROSSE BIBLIOTHÈQUE : UN IMPÉRATIF DÉCORATIF DE LA BOURGEOISIE

La démonstration de son capital culturel ne passe pas, chez la bourgeoisie, que par les citations à tout-va, elle passe aussi par une démonstration matérielle, aussi ridicule que courante : la grosse bibliothèque, bien remplie, de gros livres. Il faut le prouver, montrer que l'on a plein de livres, que l'on a tellement lu qu'on ne sait plus où les mettre.

C'est même à ça qu'on doit reconnaître l'intellectuel invité à distance sur les plateaux télé : il faut toujours bien diriger sa webcam pour être sûr que notre grosse bibliothèque soit visible dans le fond. Les livres ne sont évidemment pas disposés au hasard. Il faut dire que la grosse bibliothèque est chez la bourgeoisie un impératif décoratif comme d'autres, comme la cuisine américaine, le marbre ou la douche à l'italienne. C'est même plus trivialement une démonstration de capital économique parmi d'autres. Car les livres coûtent chers, même très chers quand il s'agit de « beaux livres », de « vieux livres » (compter facilement une vingtaine d'euros au bas mot, voire même jusqu'à 70 euros pour un livre de La Pléiade). Remplir sa grosse bibliothèque de « Librio 2 euros » plutôt que de grands Gallimard intransportables, c'est tout de suite un peu moins classe.

Cette tradition de la grosse bibliothèque n'est pas nouvelle, elle est même antérieure à la bourgeoisie qui a ici repris une tradition plutôt aristocratique, où l'on faisait visiter sa bibliothèque à ses invités.

Vous l'aurez compris, ces grosses bibliothèques sont bien souvent remplies de livres non lus, ce n'est pas leur rôle. Les remplir n'est d'ailleurs pas très compliqué pour les bourgeois. Au-delà du fait qu'ils ont l'argent pour acheter des tas de livres qu'ils ne liront pas, c'est aussi, entre eux, un de leurs cadeaux privilégiés. Dans le marché de l'édition, un segment est par exemple consacré aux « coffee table books », ces livres qui ont l'avantage d'être gros, beaux, chers, de prendre de la place et d'être bien visibles dans la grosse bibliothèque, mais qui n'ont pas pour but d'être lus mais seulement feuilletés dans le meilleur des cas. On hérite aussi de la grosse bibliothèque de ses grands-parents ou parents bourgeois. Dans certaines professions (auteur, chroniqueur, éditorialiste, journaliste, politique...), on reçoit même plein de propositions d'envois de livres gratuits. Bref, réunir quelques centaines de livres ornementaux ne tient pas pour eux de l'exploit.

La volonté de faire illusion va parfois très loin, à l'image de Richard Ferrand, président du bureau exécutif de Renaissance, le parti de Macron, qui, dans une interview pour *Le Figaro* (dans lequel il appelait à modifier la Constitution pour que Macron puisse se représenter une troisième fois façon Poutine...)[4], posait carrément devant une grosse bibli... en papier peint. Le pot aux roses a été découvert, ce qui a bien fait marrer tout le monde.

MAIS QUAND ONT-ILS LE TEMPS DE LIRE ?

Les vrais lecteurs le savent : lire un livre prend du temps, en particulier lorsqu'il s'agit de lectures théoriques et/ou ardues. Il faut un contexte particulier, calme, un temps « pour se mettre dedans », ne pas être épuisé... Idéalement si l'on veut en retirer quelque chose, il faut prendre des notes, surligner, bref faire un vrai travail avant, pendant, après.

Quand est-ce que des gens qui passent leurs journées, des heures, à n'en plus finir, sur Twitter, comme Enthoven ou Naulleau, ont le temps de lire ? Comment peut-on passer des dizaines d'heures par semaine à bouquiner quand on écume les plateaux télés en plus d'autres activités, ou pire que l'on anime des émissions comme Léa Salamé ? Comment peut-on, en plus de lire autant qu'on le prétend, écrire, avec sérieux, un livre par mois, plusieurs milliers de pages par an, avec des grosses bibliographies, comme Onfray ?

Oui les bourgeois ont, malgré tout, un peu plus de temps libre et sont moins fatigués, ils n'ont pas en plus de leur travail à faire leur ménage, leurs courses, à s'occuper de leurs enfants braillards, donc ils lisent un petit peu plus que la moyenne. Toutefois les bourgeois médiatiques, la classe politique, de par la vie qu'ils mènent, n'ont évidemment, absolument pas, matériellement, le temps de le faire. Autre manière de repérer l'imposture.

NOUS DISPOSONS DE PLEIN D'AUTRES MANIÈRES D'ACCÉDER À DES PENSÉES : ÉCOUTER DES CONFÉRENCES, QUE CELA SOIT EN VRAI OU SUR INTERNET, POURQUOI PAS DES PODCASTS OU LIRE *FRUSTRATION*, PARTICIPER À DES FORMATIONS, OU MÊME EN DISCUTANT AVEC DES AMIS ET DES CAMARADES.

COMMENT RIPOSTER ?

La meilleure solution consiste encore à lire, à son rythme, les grands auteurs – ce qui n'est pas si long et aussi inaccessible que ce qu'ils cherchent à nous faire croire. Cela permet de rire de la manière dont les bourgeois, en faisant mine d'afficher leur culture avec aplomb, ne démontrent généralement, en réalité, qu'une inculture crasse. C'est aussi la possibilité de remettre à leur juste place les auteurs cités *ad nauseam* dans l'histoire des idées, ne plus se laisser avoir par les manipulations qui sont faites par les citations tronquées des bourgeois, d'identifier quand on fait dire à un penseur ou à un auteur le contraire de ce qu'il a défendu toute sa vie.

Mais l'on peut pousser la sécession d'avec les injonctions de la bourgeoisie encore plus loin. Il n'y a pas à sacraliser absolument « la lecture des textes ». Toujours pour rester sur l'exemple de Marx et des reproches adressés à Anasse Kazib par Enthoven, Sapir et une clique enragée de thésards marxistes, oui, lire Marx est passionnant, mais le marxisme est une pensée, pas une religion. Et il y a plein de manières différentes d'accéder et de se familiariser avec des pensées. La lecture en est une, qui présente ses avantages propres. Elle n'est pas la seule. Cela n'est d'ailleurs pas nouveau : à ses origines, la philosophie est parlée et non écrite. Socrate n'écrivait pas.

Nous disposons de plein d'autres manières d'accéder à des pensées : écouter des conférences, que cela soit en vrai ou sur Internet, pourquoi pas des podcasts ou lire *Frustration*, participer à des formations, ou même en discutant avec des amis et des camarades. Parfois, l'expérience concrète de nos vies suffit et nous mène à des intuitions et des pensées qui sont ensuite confirmées par la découverte ou la lecture des penseurs. En tout cas, l'inverse est largement démontré : la lecture toute seule, l'accumulation de concepts collectionnés et mal digérés, « d'idées », quand elles ne sont associées à aucune pratique, à aucune expérience affective vécue autre que celle du confort bourgeois et de l'accumulation de biens, ne rendent pas moins cons.

Ainsi, ne nous laissons jamais intimider par l'étalage de culture lettrée ou savante que font les bourgeois. Cela est souvent largement une fraude. Il n'est pas du tout sûr qu'ils aient lu plus que vous et nous, peut-être font-ils juste bien semblant.

Bref, comme disaient nos grands-mères : la culture c'est comme la confiture, moins on en a plus on l'étale. ▪

Mise à jour de l'article du même nom du 5 août 2022

1 « Nupes, le triomphe du monde sur la France », Paul Melun, *Valeurs Actuelles*, 20 mai 2022.
2 Tweet du 31 juillet 2022 (les fautes d'orthographe et de grammaire sont d'origine).
3 « De Gaulle, Jaurès et l'identité française », Eric Zemmour, *Le Figaro*, 15 mars 2007.
4 « Unité nationale, cumul des mandats présidentiels… Richard Ferrand se confie au Figaro », *Le Figaro*, 18 juin 2023.

Laïcité et « guerre scolaire »

UNE ENQUÊTE D'ADÈLE K.

enquête au cœur du système d'enseignement privé

Le passage éclair - quatorze mois - de Pap Ndiaye au ministère de l'Éducation nationale aura marqué les esprits. Ou pas. Ce dont on se souviendra, en tout cas, c'est qu' il s'est mis en tête de soulever la question de la mixité sociale dans les établissements privés, suite à quoi et entre autres raisons il a très rapidement été limogé pour être remplacé par le sosie officiel d'Emmanuel Macron : Gabriel Attal. En dépit de l'image de gauchiste total que lui a valu auprès des médias dominants ce coup d'éclat du point précédent, on se souvient également qu'il avait lui-même inscrit ses enfants dans la très élitiste – et surtout très privée – École alsacienne de Paris.

Suite au malheureux écart de Pap Ndiaye demandant des comptes à l'enseignement privé (et sa sortie sur le fait que Bolloré était manifestement d'extrême droite, mais c'est une autre histoire), Gabriel Attal, son successeur, a décidé à la rentrée 2023 qu'il était grand temps de recentrer le débat sur un point bien plus essentiel à la vie des Français et à l'instruction de leurs enfants : le port de l'abaya, une robe longue qu'affectionnent certaines jeunes femmes de culture musulmane et qui, paraît-il, représenterait un grave trouble à l'ordre public, selon une interprétation douteuse du principe de laïcité. Quand on parle laïcité à l'école dans les grands médias, jamais il n'est question d'interroger notre système d'enseignement privé religieux. Et si on en parlait ?

Vous avez dit laïcité ?

En France, le système d'enseignement privé sous contrat scolarise 17 % des élèves de la primaire au lycée, soit un peu plus de 2 millions d'enfants et adolescents. 96 % des établissements privés sous contrat sont des établissements confessionnels catholiques. Les 4 % restants sont pour certains confessionnels (juifs ou musulmans) et, pour de rares autres, « laïcs » comme l'École alsacienne. Il existe également des établissements privés hors contrat qui ne touchent aucun argent de l'État, et même s'ils sont en plein développement, ils continuent de ne représenter qu'une très petite partie de l'offre d'enseignement : environ 1,2 % des effectifs de classes selon le ministère de l'Éducation nationale.

Les établissements privés ne sont pas soumis au principe de laïcité de la même façon que les établissements publics. En 1959, la loi Debré - qui constitue toujours le texte de référence réglementant le système d'enseignement privé -, consacre la mise en place de contrats entre les établissements privés et l'État. Ceux-ci garantissent leur subventionnement par de l'argent public et leur reconnaissent un « caractère propre », non défini dans la loi, utilisé par les établissements confessionnels pour justifier du caractère religieux de leurs enseignements. Une première loi allant dans ce sens avait été votée quelques années plus tôt, en 1942, par le régime de Vichy pour « sauver » les écoles privées catholiques qui manquaient de financements. En 1959, le vote de la loi Debré avait d'ailleurs tellement ému qu'une pétition demandant son abrogation avait regroupé plus de 10 millions de signatures, soit plus de la moitié du corps électoral. Selon le sociologue Pierre Merle, la loi Debré entre fondamentalement en contradiction avec la Constitution de 1958. Il écrit :

> *« Ce caractère propre est contraire au principe de laïcité défini par l'article premier de la Constitution de 1958 et ne semble conciliable ni avec plusieurs articles de la Charte de la laïcité, ni avec l'article L442-1 du Code de l'éducation qui stipule que l'établissement privé sous contrat est « soumis au contrôle de l'État. »* Pierre Merle, « Faut-il refonder la laïcité scolaire ? » La Vie des idées, février 2015

Sur le terrain, ce cadre légal contestable se traduit par le fait que les établissements privés peuvent proposer une offre d'enseignement religieux (« catéchèse » pour les catholiques) en principe non obligatoire.

Dans les établissements catholiques, des activités périscolaires religieuses, regroupées au sein de ce que l'on appelle « la pastorale », sont programmées en dehors des heures de classes et des commémorations religieuses (messes, pèlerinages…) et organisées pour les élèves et leurs enseignants. Les établissements privés ne sont par ailleurs pas soumis à la loi de 2004 sur le port de signes religieux, les élèves et les enseignants ont donc le droit de se rendre à l'école avec voile, kippa, turban sikh ou encore croix voyante et les enseignants y sont libres d'affirmer leurs convictions religieuses.

> 96 % des établissements privés sous contrat sont des établissements confessionnels catholiques.

L'enseignement privé regroupe près d'un cinquième des élèves et cette proportion est relativement stable depuis les années 1960. Ce qui l'est moins, c'est la proportion d'élèves issus de milieux très favorisés dans ces établissements : en 20 ans, entre 2000 et 2021, la proportion d'élèves issus de milieux très favorisés inscrits dans le privé est ainsi passée de 26,4 % à 40,2 %, tandis que la proportion d'élèves boursiers était 2,5 fois supérieure dans le public. Pour décrire cet état de fait, la sociologue Fabienne Federini parle même de « *séparatisme social* » et met en évidence l'inaction de l'État (« Enseignement privé : un séparatisme social jamais vraiment nommé », Observatoire des inégalités, mai 2023).

Pourtant, en dépit du fait que l'enseignement privé ne soit pas soumis au même principe de laïcité que les établissements publics et qu'il contribue activement au creusement des inégalités scolaires entre les classes sociales, ce système est financé à près de 77 % par de l'argent public soit 8 milliards d'euros pour l'année 2022. Ces fonds sont distribués par l'État pour la rémunération des enseignants et par les collectivités locales pour l'équipement et l'entretien des locaux, comme l'indique un rapport de la Cour des comptes paru en juin 2023.

Répartition du financement des établissements publics et privés subventionnés selon l'origine en 2020, en %

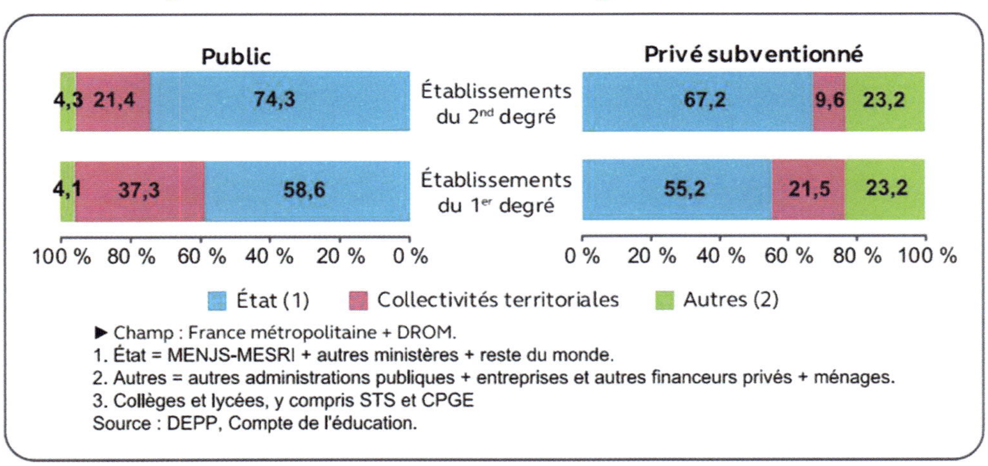

Graphique extrait du rapport public thématique de la Cour des comptes sur l'enseignement privé sous contrat, juin 2023

On a donc, en France, un système d'éducation parallèle qui scolarise environ un élève sur 5, demande à leurs parents une contrepartie financière pour une offre d'enseignement absolument identique à celle de l'enseignement public, affiche d'immenses croix sur les façades des établissements – parfois en lieu et place de la devise de la République –, prodigue des cours de prosélytisme religieux aux élèves, a la possibilité de choisir ses élèves dans la plus grande opacité, entretient un séparatisme social de plus en plus marqué et tout ça aux frais de l'État et des collectivités locales, c'est-à-dire des Français.

Ce système est financé à près de 77 % par de l'argent public.

À Frustration, comme nous sommes de fins limiers, nous nous sommes dit que quelque chose avait quand même l'air de clocher en République et que toute cette histoire d'enseignement privé faisait décidément un peu tache au pays de la Laïcité et l'Égalité. Nous avons donc cherché à comprendre ce qui permettait à ce système délirant de se maintenir en place depuis les années 1960 sans qu'aucune discussion sur le sujet n'aboutisse jamais nulle part.

L'école privée ou le rêve d'une école sans pauvres

À qui prend la peine de taper dans son moteur de recherche une question du type « vaut-il mieux inscrire ses enfants dans le privé ? », Internet a une réponse à offrir aux parents anxieux : oui. Un défilé d'articles issus de médias grand public (20 minutes, le Huffington Post, le Parisien...) donnent aux parents toutes les raisons qui devraient les inciter à inscrire leurs enfants dans le privé à coup d'arguments du type : « Les résultats sont meilleurs », « il y a moins d'élèves par classe » ou encore « les enseignants ont un vrai projet pédagogique ». Maëline K., sur le *Huffington post*, se confie ainsi : « *Sans vouloir dénigrer l'enseignement public, loin de là, j'ai clairement noté une différence de vitesse dans les apprentissages des enfants.* »

Les forums de parents regorgent également de témoignages en faveur de l'enseignement privé. Mais l'argument le plus couramment mobilisé par ces parents est plutôt celui de la « mauvaise réputation » de l'établissement public du secteur. « *J'ai choisi l'école privée, car la primaire et le collège sont situés en Zone Éducation Prioritaire.* », écrit ainsi caroll_11 sur le forum aufeminin.com. « *Nous venons de nous installer dans une ville "sensible". Le choix de l'école privée nous a donc semblé évident.* », assume Lisa72 en réponse. Lala62, de son côté, répond à une maman qui hésite entre privé et public et n'hésite pas à menacer clairement : « *Quant à tenter... c'est vous qui voyez le risque que vous êtes prête à prendre pour vos enfants.* » Sur le site forum.fr, Passiflore nuance : « *Autrefois, les établissements scolaires privés étaient plus sélects, plutôt réservés aux enfants de "bonne famille" comme on disait, mais aujourd'hui, le problème qu'il y a, c'est que certains parents d'enfants ayant des problèmes comportementaux et n'arrivant plus à les gérer les mettent dans le privé, se disant que là au moins, on saura les faire filer droit.* »

Bref, si les établissements privés ne manquent pas de candidats, c'est parce qu'ils ont « meilleure réputation » et cette « meilleure réputation », ils la doivent principalement à l'entre-soi social qu'ils cultivent ou, plus précisément, à l'exclusion des enfants issus de catégories populaires qu'ils garantissent. Le dernier témoignage, opposant « enfants de bonne famille » et « enfants ayant des problèmes comportementaux » en est une triste démonstration.

S'il est vrai que les établissements privés affichent en moyenne de meilleurs résultats que les établissements publics, c'est exclusivement en raison de la sélection.

Dans ce contexte, le débat sur la mixité scolaire dans le privé peut prêter à rire. Demander aux établissements privés d'inscrire plus d'élèves boursiers, comme l'a fait Pap Ndiaye au printemps 2023, c'est ni plus ni moins leur demander de saboter leur fonds de commerce. Les représentants de l'enseignement catholique s'en défendent, bien sûr, et prennent des mines attristées pour commenter ces statistiques sans appel tandis que les gouvernements successifs semblent se satisfaire de promesses jamais tenues... jusqu'au prochain rapport sur le sujet.

De l'autre côté du miroir : un système profondément inégalitaire

Pourtant, derrière le vernis des « meilleurs résultats » le système d'enseignement privé n'a pas de quoi faire rêver.

Tout d'abord, s'il est vrai que les établissements privés affichent en moyenne de meilleurs résultats que les établissements publics, c'est exclusivement en raison de la sélection effectuée par les établissements privés sur les élèves à leur entrée et aucune étude n'a jamais pu montrer la plus-value de ce système par rapport au public, en termes de résultats scolaires[1]. Car si les établissements publics sont soumis à la « carte scolaire » (une adresse correspond à un et un seul établissement public de sectorisation), les établissements privés peuvent, eux, choisir leurs élèves à leur guise et leur demander, par exemple, leurs derniers bulletins scolaires.

Ensuite, près d'un cinquième des enseignants dans le privé (18,9 %, contre 6,1 % dans le public, soit 3 fois plus) sont des contractuels précaires, potentiellement sans formation, corvéables à merci et limogeables à la moindre critique. Pas étonnant que, dans le privé, les enseignants fassent moins grève... Pour ce qui est des enseignants titulaires d'un concours de l'enseignement (les quatre cinquièmes restants), ils ont, en réalité, passé exactement le même concours que les enseignants du public, à ceci près que leur formation n'est pas assurée par l'État dans le cadre d'un Inspé (ex-IUFM), mais par un centre de formation privé.

Pour ce qui est de « l'encadrement » censément renforcé, c'est encore une fois complètement faux. Les classes sont en réalité plus chargées en moyenne dans le privé que dans le public et ce n'est pas nouveau : selon le service statistique du ministère de l'Éducation nationale, à la rentrée 2022, il y avait en moyenne 21,5 élèves par classe de primaire (maternelle et élémentaire) dans les écoles publiques contre 24,6 élèves par classe dans le privé. Le constat est identique pour le collège. Au lycée, le taux d'encadrement est comparable.

Par ailleurs, les établissements privés ne bénéficient pas de personnel médico-social rémunéré par l'État : psychologues scolaires, assistant.es social.es, infirmier.ères, maîtres.ses spécialisé.es dans le traitement de la

Près d'un cinquième des enseignants dans le privé sont des contractuels précaires.

grande difficulté scolaire sont recrutés selon le bon vouloir des chefs d'établissements et selon les moyens propres dont ils disposent... Résultat, les établissements privés se caractérisent par un nombre rikiki de classes spécialisées dans la grande difficulté scolaire (classes ULIS, Segpa) et accueillent une proportion bien moindre d'élèves en situation de handicap et/ou allophones (ne parlant pas encore le français). Pas très charitable pour un système qui conjugue Jésus à toutes les sauces...

> Les classes sont en réalité plus chargées en moyenne dans le privé que dans le public.

Pire, un certain nombre d'établissements privés discriminent, de manière systématique, certains enfants en les empêchant d'intégrer leurs rangs sans que rien ni personne ne les inquiète. Le cadre légal est pourtant très clair : la loi Debré (1959) indique que les établissements privés doivent accueillir *« tous les enfants sans distinction d'origine, d'opinion ou de croyance »*. Or, une recherche menée en 2014 par trois chercheurs en sciences économiques (Brodaty, du Parquet et Petit), portant sur plus de 4 000 établissements privés, a mis en évidence que près d'un établissement privé sur 5 (soit 18 %) pratiquait la discrimination envers les élèves portant un nom à consonance maghrébine. Interrogé à ce sujet, Pascal Balmand, le Secrétaire général de l'enseignement catholique de l'époque, un grand optimiste aimant voir le verre à moitié plein, a déclaré au *Monde* en 2014 : *« Cette étude montre d'abord que plus de 8 fois sur 10 il n'y a pas discrimination. »* Au très prestigieux lycée parisien Stanislas, dont est issu l'ex-ministre Jean-Michel Blanquer, on ne se cache même pas de violer la loi : le dossier d'inscription, téléchargeable librement sur leur site internet, demande carrément aux parents de préciser les dates de baptême et de communions de leur tête blonde. Au-delà du « cas Stanislas », ces pratiques discriminatoires sont tellement institutionnalisées qu'on peut, par exemple, lire sur le site du *Parisien*, dans un article consacré aux différences entres systèmes privés et publics : *« Les écoles publiques ont l'avantage d'être accessibles par tous les enfants : qu'importent leur religion, leur origine, les revenus de leurs parents, etc. » (Carnet vie de famille, publié le 14/04/2022)*. Or, il est à peu près aussi facile en France de faire reconnaître une discrimination que de trouver des bons côtés à Jean-Michel Blanquer...

Non-respect du cadre légal, pressions sur les enseignants et management toxique

Côté enseignants, si les ministres de l'Éducation nationale s'acharnent à coup de réformes successives à dégrader les conditions de travail dans le secteur public, le secteur privé n'a pas beaucoup mieux à offrir à ses maîtres. En effet, ceux-ci voient régulièrement leurs heures de cours « sauter » pour être remplacées par des célébrations religieuses quelconques, et ce, de façon totalement illégale. Les témoignages à ce sujet sont si nombreux qu'un représentant de la CGT-Enseignement catholique estime qu'il s'agit du fonctionnement « normal » et précise que la plupart des enseignants ont jeté l'éponge. Encore plus problématique, selon lui, certains chefs d'établissements n'hésitent pas à mettre la pression aux enseignants pour qu'ils s'investissent dans « la pastorale » (les activités périscolaires religieuses) et pour qu'ils participent à toutes sortes d'événements religieux tels que les messes, les pèlerinages ou autres « journées diocésaines », comme dans le département de l'Orne en septembre 2023, où la participation obligatoire des enseignants à une journée de ce type, qui célèbre l'enseignement catholique local et comprend des évènements de nature religieuse, avait fait polémique (*Ouest France*, 2 septembre 2023). Les enseignants contractuels sont particulièrement concernés, et doivent régulièrement faire face à des chefs d'établissement leur demandant, au moment de leur entretien d'embauche, s'ils sont prêts à s'investir dans « la pastorale ».

Les chefs d'établissements privés sont, en effet, au cœur de bien des critiques. À la suite de la publication, en juin 2023, d'un rapport de la Cour des comptes sur l'enseignement privé, des enseignants se sont constitués en collectif (https://stopsouffranceetablissementscatho.blogspot.com/) pour dénoncer les manquements graves au droit du travail qui font leur quotidien. Le personnel de l'enseignement catholique fait en effet face à un management de plus en plus violent, caractérisé par des exigences de bénévolat, des intimidations, des humiliations et du harcèlement. Face à cela, l'Institution n'a que silence et mépris à répondre à ces travailleurs en souffrance. Le SGEC et les rectorats se renvoient mutuellement la balle en invoquant, pour les uns, l'absence de responsabilité des chefs d'établissement face à l'État et, pour les autres, la complexité du statut des enseignants du privé, certains relevant du droit privé, d'autres du droit public.

À l'origine du problème, selon les membres de ce collectif et plusieurs représentants syndicaux du secteur interrogés : la formation des chefs d'établissement, ou plutôt leur absence de formation. En effet, pour devenir directeur d'une école ou d'un collège privé, nul besoin de concours ou de formation quelle qu'elle soit, il suffit d'être bien vu du Secrétariat général de l'enseignement catholique et de « *s'attacher à une gestion des ressources humaines éclairée et nourrie par la conception chrétienne de l'homme et de son développement* », selon les statuts de l'enseignement catholique. Amen. Les chefs d'établissements privés catholiques ne sont, ainsi, même pas employés par l'État, contrairement aux enseignants, mais par l'Église elle-même ; ils sont donc sous la responsabilité des autorités cléricales et non du rectorat. Re-Amen.

L'insupportable menace de la « guerre scolaire »

Dans un pays où le port par quelques dizaines d'adolescentes d'une robe longue déchaîne des passions, le fonctionnement et l'existence même d'un système d'enseignement privé sous la mainmise quasi-totale de l'Église catholique a de quoi étonner et apparaît à la fois absurde, anachronique et surtout incroyablement hypocrite. Pourtant, le moindre péquin lambda qui ose mettre le sujet sur la table en public se voit immédiatement contraint au silence sous prétexte qu'il risque de « *réveiller la guerre scolaire* ». Mais de quoi est-il question ?

Petit retour en arrière : il y a presque 40 ans, en juin 1984 à Paris, une gigantesque manifestation a réuni entre 1 et 2 millions de militants de « l'école libre » – c'est-à-dire de l'enseignement catholique – et de représentants politiques de toute la droite, unis dans un même élan de détestation du principe de laïcité (reconvertis depuis en pourfendeurs du burkini et de l'abaya, la plupart en sont devenus les adorateurs).

À l'origine de leur colère, un projet de loi porté par le ministre de l'Éducation nationale de l'époque, Alain Savary. François Mitterrand est alors Président depuis 3 ans et a pour Premier ministre Pierre Mauroy. À la demande du président, Alain Savary prévoit la mise en place d'un grand Service public de l'Éducation nationale vu par l'Église catholique comme une tentative de nationalisation de l'enseignement privé, tandis que les défenseurs de la laïcité croient à la fin du financement par tous les Français du système d'enseignement privé. Face à l'ampleur de la mobilisation qui dura plusieurs mois, de janvier à juillet 1984, le gouvernement recule et abandonne finalement complètement le projet de loi, tandis que Savary et Mauroy présentent leur démission à Mitterrand. À l'époque, c'est une énorme crise politique, un peu comme celle des retraites en 2023 sauf que là, les manifestants l'emportent et le gouvernement démissionne.

Cette crise est analysée par les observateurs de l'époque comme un « réveil de la guerre scolaire ». Cette expression fait référence aux tensions entre religieux catholiques et laïcs qui sont intervenues dans la seconde moitié du XIXe siècle et qui trouva son apogée au moment du vote des lois Ferry rendant l'école gratuite, obligatoire et laïque. Cette première grande bataille de la « guerre scolaire » avait vu la victoire des laïcs. En 1984, ce sont les religieux qui l'ont emportée et il n'est plus question d'en reparler. Pour se replonger dans ce moment historique, on peut visionner le documentaire en trois parties disponible sur le site de Public Sénat « La bataille de l'école privée ».

> un certain nombre d'établissements privés discriminent, de manière systématique, certains enfants.

Le SGEC : un acteur aussi puissant que discret

Il en va ainsi de la question du contrôle du système d'enseignement privé qui, pour la faire courte, n'existe pas. La Cour des comptes, dans son rapport de juin 2023 portant sur le système d'enseignement privé, écrit ainsi :

> *« (…) Ces contrôles ne sont pas ou peu exercés : **le contrôle financier** des établissements privés sous contrat, qui incombe aux directions départementales et régionales des finances publiques (DDFiP et DRFiP), n'est pas mis en œuvre ; le **contrôle pédagogique**, réalisé par les inspecteurs d'académie - inspecteurs pédagogiques régionaux (IA-IPR), est exercé de manière minimaliste ; le **contrôle admi-***

***nistratif**, qui relève de l'inspection générale de l'enseignement, du sport et de la recherche (IGÉSR) et des recteurs, n'est mobilisé que ponctuellement lorsqu'un problème est signalé. Par ailleurs, le suivi des contrats se révèle peu rigoureux, certains rectorats ne possédant pas ces documents sur la base desquels des sommes conséquentes sont pourtant versées. »*

Extrait de la synthèse du rapport public thématique de la Cour des comptes sur l'enseignement privé sous contrat, juin 2023

On comprend mieux la persistance des nombreux dysfonctionnements détaillés plus haut…

Mais le dire, le répéter et le prouver ne change rien à l'affaire et le Secrétaire général de l'enseignement catholique (SGEC) veille à ce que cette situation ne change pas. La fonction est actuellement occupée par Philippe Delorme, élu par les évêques de France en 2018. Il est à la tête d'une véritable administration, aussi discrète que puissante, qui a la charge d'exécuter les décisions prises par le Comité national de l'enseignement catholique. Le SGEC constitue surtout le principal interlocuteur des pouvoirs publics. « *Rien de ce qui est de l'enseignement catholique ne doit lui échapper, d'une manière ou d'une autre* », résume l'historien Bruno Poucet dans un article paru en 2014[2]. Interrogée, une représentante du Comité national d'action laïque (CNAL) confirme une influence très importante, voire une emprise du SGEC pour tout ce qui touche à l'enseignement privé. « *Ils font un peu leur loi* », résume-t-elle.

Ainsi, c'est au SGEC que revient la responsabilité de faire taire les débats sur le financement de l'enseignement catholique et ses dysfonctionnements. C'est, par exemple, lui qui était à la manœuvre au moment des négociations avortées sur la mixité scolaire dans les établissements privés[3]. C'est également le SGEC qui, après avoir affirmé publiquement son opposition à l'union de personnes du même sexe, avait envoyé un courrier à tous les chefs d'établissements catholiques en 2012 en leur demandant d'animer des « débats » en classe sur le mariage pour tous. Vous avez dit prosélytisme ?

En France, à peine plus de 2 % de la population se rend régulièrement à l'Église dans le cadre du culte catholique.

Son rôle est également d'obtenir toujours plus de financements de l'État et des collectivités territoriales. Depuis l'élection d'Emmanuel Macron, il a ainsi obtenu une large rallonge budgétaire grâce à l'instruction obligatoire dès 3 ans voulue par Blanquer (150 millions d'euros selon le Comité national d'action laïque). La réforme dite du « Pacte enseignant » va également permettre à l'enseignement privé de se garnir un peu plus les poches en faisant payer au rectorat des heures d'enseignement auparavant rémunérées grâce aux fonds propres des établissements, voire pas payées du tout. Comme le résume une représentante syndicale Sundep-Solidaires, « *tous les moyens sont bons pour récupérer de l'argent* ». Y compris exercer un chantage sur le gouvernement en demandant plus de moyens en échange de la scolarisation de davantage d'élèves boursiers ou encore en détournant la dotation horaire des enseignants à coup de 5 minutes pour créer des options et attirer de nouveaux élèves…

De leur côté, nos élites politiques semblent en état de mort cérébrale et signent à peu près tout ce que leur demande le SGEC. Sur ce sujet, les hypothèses proposées par les observateurs du système d'enseignement privé sont toujours les mêmes : les hommes et les femmes politiques sont, en très grande partie, issus de l'enseignement privé ; ils scolarisent leurs propres enfants dans le privé et en sont ainsi devenus les principaux VRP, bien qu'ils n'aient aucune connaissance du système d'enseignement public qu'ils s'acharnent, de l'autre côté, à démanteler. Au-delà du soutien affiché à la plupart des revendications du SGEC, les ministres de l'Éducation successifs s'évertuent à donner une image minable de l'enseignement public. Quand Pap Ndiaye propose de permettre à davantage d'élèves boursiers d'accéder à des écoles privées, de mettre en place des projets pédagogiques « d'excellence » dans les établissements publics et qu'il scolarise ses propres enfants dans le système privé, il affirme en creux que « l'excellence » se trouve du côté du privé et que les enseignants du public ont de bien faibles ambitions pour leurs élèves.

En finir avec le lobby catho

En France, deux systèmes d'éducation cohabitent, héritage d'une « guerre scolaire » opposant religieux catholiques et militants laïcs depuis la fin du XIXe siècle. Ce fonctionnement ubuesque, constituant ni plus ni moins qu'un « *détournement de fonds publics institutionnalisé* » selon une militante syndicale Sundep-Solidaires (à hauteur de 8 milliards par an), est maintenu grâce à l'alliance aussi historique que rance de la bourgeoisie et des catholiques conservateurs. Faut-il le rappeler, en France, à peine plus de 2 % de la population se rend régulièrement à l'Église dans le cadre du culte catholique (Insee-Ined, enquête Trajectoires et Origines 2 (TeO2), 2019-2020). Une bonne partie de la bourgeoisie semble, néanmoins, ne pas voir trop d'inconvénients à ce que leurs bambins suivent des cours de catéchèse, dans la mesure où cela leur permet de maintenir à distance la plèbe et ses rejetons.

Depuis une vingtaine d'années, le concept de laïcité a été pris en otage par l'extrême droite grâce à une réinterprétation aussi douteuse que malhonnête de ce principe dans le but de mener des politiques islamophobes sans trop se faire taxer de racistes. De beaux combats restent pourtant encore à mener au nom de la laïcité, à commencer par le démantèlement et la nationalisation du système d'enseignement privé. Il est grand temps de relancer la guerre scolaire. ■

1 Denis Fougère, Olivier Monso, Audrey Rain, Maxime Tô. *Qui choisit l'école privée, et pour quels résultats scolaires ?* Éducation & formations, 2017, Les panels d'élèves de la DEPP : source essentielle pour connaître et évaluer le système éducatif, 95, pp.59-85. 10.48464/halshs-01760816. halshs-01760816

2 Bruno Poucet, *Chapitre 15. L'enseignement catholique : des structures historiquement marquées* In : *Sur les traces du passé de l'éducation... : Patrimoines et territoires de la recherche en éducation dans l'espace français* [en ligne]. Pessac : Maison des Sciences de l'Homme d'Aquitaine, 2014

3 www.lemonde.fr/societe/article/2023/05/16/mixite-sociale-a-l-ecole-vers-un-protocole-sans-contrainte-pour-l-enseignement-prive_6173588_3224.html

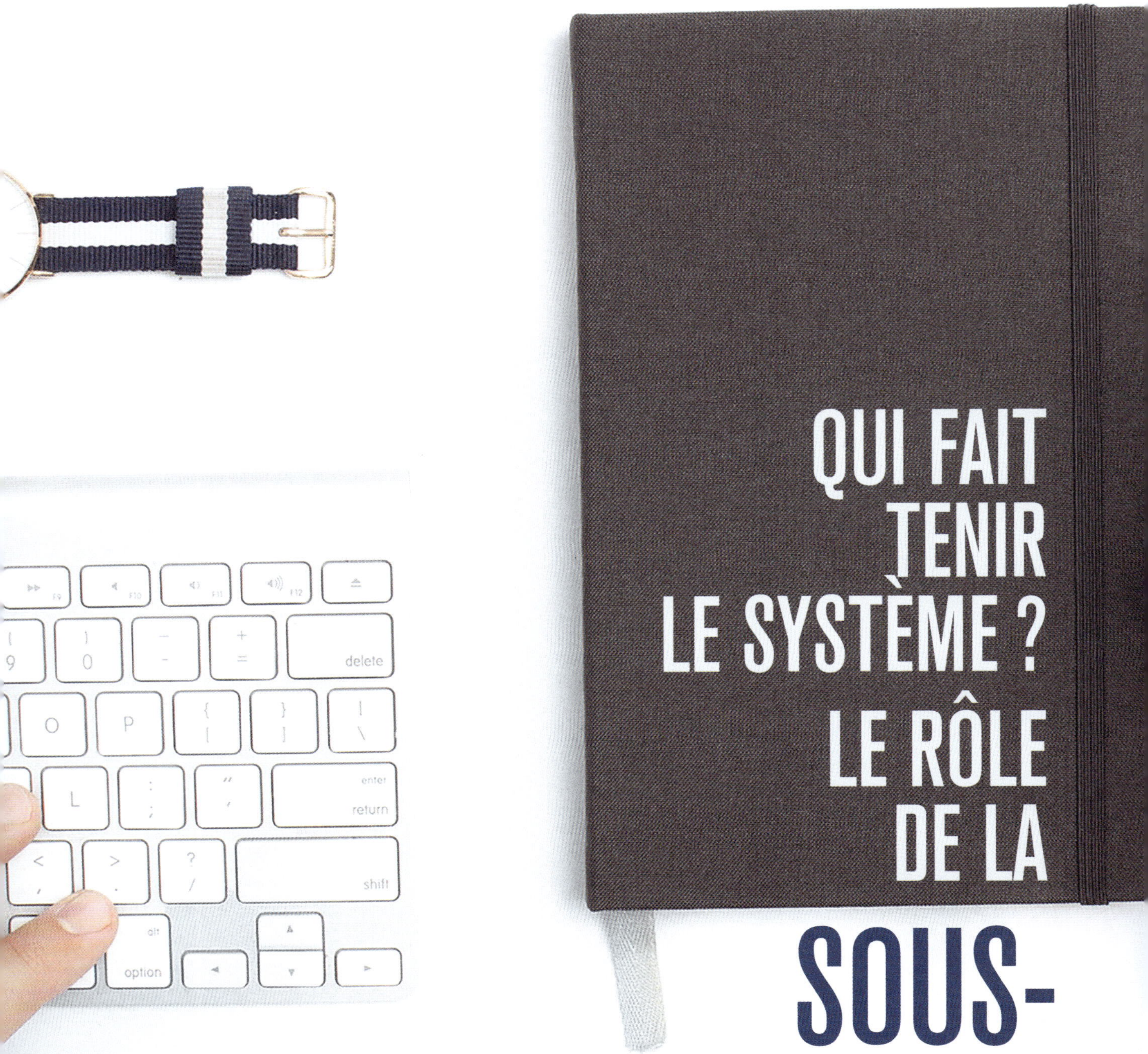

QUI FAIT TENIR LE SYSTÈME ? LE RÔLE DE LA SOUS-BOURGEOISIE

Comment une société de classes, injuste, inégalitaire et écologiquement insoutenable, peut-elle encore tenir ? Comment une classe dominante peut-elle s'enrichir à ce point sur le dos des autres et vivre dans la sérénité ? Une explication psychologique est souvent avancée, consistant à soutenir que les « masses » populaires seraient incultes, apeurées et donc respectueuses de l'ordre établi. C'est une théorie que nous ne soutenons pas, parce qu'elle témoigne d'un mépris considérable pour les gens. De plus, elle est en permanence contredite par des actions collectives ou des enquêtes d'opinions qui montrent, en France comme ailleurs, que les peuples n'adhèrent pas à l'idée que le capitalisme est le meilleur système, et que nos gouvernants agissent dans leur bien. Au contraire, notre époque est caractérisée par une combinaison de tentatives pour exprimer sa colère ou par des tentatives de fuites – démission, abstentionnisme... Mais le système tient malgré tout, et ce n'est pas grâce aux seuls efforts de Bernard Arnault, Xavier Niel et Emmanuel Macron. Il existe de nombreux groupes intermédiaires qui n'appartiennent pas à la classe dominante – la bourgeoisie – mais qui travaillent activement pour préserver son règne sur nos vies. Parmi ces groupes, il y en a un qui a une importance cruciale, car il réunit celles et ceux qui organisent, encadrent et justifient l'ordre existant. Nous l'appelons la sous-bourgeoisie : cadres supérieurs en entreprise, hauts fonctionnaires, intellectuels et artistes, ils utilisent le prestige conféré par leurs études et leur statut pour nous dominer, pour le compte de la classe possédante. Quel est ce groupe intermédiaire et comment fonctionne-t-il ?

PAR NICOLAS FRAMONT

En 1576, était publié un court texte écrit par Étienne de la Boétie, alors âgé de 16 ans, et portant sur l'analyse des causes de la puissance des monarchies absolues. *Le Discours sur la servitude volontaire* est, depuis, devenu un classique permettant de sourcer l'idée selon laquelle un pouvoir arbitraire ne tient jamais du seul fait du tyran qui l'exerce, mais aussi à cause de l'état d'esprit de soumission de ses sujets. L'organisation de cette domestication de la population y est finement décrite : *« Il en a toujours été ainsi : cinq ou six ont eu l'oreille du tyran et s'en sont approchés d'eux-mêmes (...) Ces six en ont sous eux six cents, qu'ils corrompent autant qu'ils ont corrompu le tyran. Ces six cents en tiennent sous leur dépendance six mille, qu'ils élèvent en dignité. (...) Et qui voudra en dévider le fil verra que, non pas six mille, mais cent mille et des millions tiennent au tyran par cette chaîne ininterrompue qui les soude et les attache à lui. »*

Il y aurait donc une « chaîne ininterrompue » de personnes entre un tyran et le plus assujetti de ses sujets. Et la clé, pour comprendre et combattre le pouvoir en place, serait d'en saisir les rouages. Il est facile de se figurer qui étaient les six, six cents et six mille personnes chargés de faire redescendre le pouvoir royal durant l'Ancien Régime : une cour était rassemblée autour du roi qui distribuait titres, terres et gratifications symboliques, tandis qu'en France, dès le XVIIe siècle, des intendants étaient envoyés partout dans le territoire pour faire respecter l'ordre royal et collecter les impôts. La noblesse ressentait un mélange d'admiration et de crainte pour un souverain qui faisait effectivement en sorte que ses membres *« ne puissent se maintenir que sous leur ombre »* (celle des rois).

LES ARMÉES DE MANAGERS ONT ENVAHI LE MONDE DU TRAVAIL

Mais que vaut cette analyse de nos jours, plus de deux siècles après la Révolution française qui a aboli les privilèges des nobles et a entraîné la disparition progressive de la monarchie ? D'une société de privilèges obtenus par la naissance, nous sommes passés à une société de privilèges et de pouvoir obtenus par la propriété ou par les diplômes... donc par la naissance, puisque nos milliardaires le sont principalement par l'héritage, comme le montrait une étude du *Financial Times* en 2021 : 80 % de la fortune des milliardaires français est héritée. Quant à la réussite aux grands concours qui donnent droit de diriger le secteur public ou privé, elle est aussi largement conditionnée par l'appartenance sociale, comme l'ont montré de multiples études statistiques et sociologiques depuis 40 ans.

Mais le pouvoir, lui, est moins concentré, malgré la façon dont notre président se comporte en monarque. Toute une partie de nos vies est régie par un système économique – le capitalisme – où le pouvoir appartient à ceux qui possèdent. Mais la possession de capital n'entraîne pas mécaniquement un enrichissement lié à l'exploitation du travail d'autrui. Pour cela, il faut un état-major chargé de mettre en ordre la production et faire remonter l'argent du salarié à l'actionnaire. Et nous retrouvons alors une structure très similaire à celle décrite par La Boétie, il y a près de cinq siècles : dans un portrait consacré à Patrick Pouyanné, PDG de TotalEnergies – patron, mais aussi très riche actionnaire du groupe –, le Monde décrit un homme ultra autoritaire qui sème la terreur dans son entourage direct : *« Chez lui, tout est minuté. Malheur à celui ou à celle qui lui adresse un dossier imprimé recto-verso, parce qu'il ne supporte que le recto, plus efficace à lire, selon lui. » « Il se mêle de tout, décide de tout, jusqu'au plan de table d'un déjeuner. Travailler à côté de ce volcan*

Dans une entreprise capitaliste, l'objectif n'est pas simplement de faire tourner la boutique, mais de générer un surplus toujours plus important pour les actionnaires. C'est pourquoi un état-major est déployé pour faire en sorte que le travail soit optimisé vers la remontée de profit, et rien d'autre.

monté sur rouleau compresseur exige une sacrée résistance, physique et morale. » Une ancienne cadre du groupe témoigne : *« Quand il vous passe un savon, il y a une sidération. Cela met le cerveau en bouillie. Tout le monde regarde ses pieds. J'aurais aimé pouvoir me lever et dire : "Ça suffit."* » Dans ce groupe – en interne, on dit « la compagnie », en bons héritiers des compagnies coloniales du siècle dernier – la terreur qu'exerce Pouyanné sur ses collaborateurs directs redescend ensuite tout au long de la chaîne hiérarchique, c'est-à-dire de plus d'une dizaine de niveaux jusqu'à l'ouvrier raffineur ou le salarié de station-service. Dans une immense entreprise comme celle-ci, les strates sont très nombreuses et un très grand nombre de personnes est payé pour contrôler, organiser et surveiller le travail des autres. Dans notre réflexion, on peut facilement établir qu'ici, Pouyanné est le bourgeois : il est actionnaire de l'entreprise et en assure la direction, pour le compte d'autres actionnaires. Mais tout le staff qui se situe en dessous de lui et assure la transmission de ses ordres constitue ce que l'on pourrait appeler la sous-bourgeoisie.

Ces intendants du capitalisme constituent les armées de managers qui ont envahi le monde du travail, parfois sans que leur rôle véritable soit compris, par leurs subordonné·es ou par eux-mêmes. Mon ami T. me racontait comment, dans la société informatique où il est ingénieur, lui et ses collègues techniciens sont encadrés par de très nombreux « product managers » et autres « project owners », dont le métier réel est difficile à cerner pour leurs subordonnés directs. Organiser des réunions, lancer des groupes de travail sur tel ou tel sujet, « coordonner » le travail des autres, c'est-à-dire envoyer des mails... Hormis leur diplôme d'école de commerce, leur

« Investisseur » est un bon exemple de cette propagande soft. N'importe quel politique prétend vouloir mettre en place une fiscalité allégée pour « attirer les investisseurs ». Or, les investisseurs, ce sont, en réalité, les possédants, les propriétaires ou les capitalistes… bref, les bourgeois. Mais le terme « investisseur » insiste sur ce qu'ils prétendent faire – investir dans l'appareil productif – pour faire oublier ce qu'ils sont – un groupe social qui s'enrichit, de génération en génération, précisément parce qu'il investit le moins possible, mais cherche à accumuler le plus possible.

plus-value dans l'organisation du travail de l'entreprise est difficile à saisir. On pourrait dire, comme le fait l'anthropologue David Graeber dans son article « sur le phénomène des jobs à la con » (Strike Magazine, 2013), qu'il s'agit là de « *bullshit jobs* », des métiers dont même ceux qui les exercent ne parviennent pas à lui donner un sens.

Mais ce serait faire l'impasse sur l'objectif premier et essentiel d'une organisation du travail en monde capitaliste : faire remonter le plus de profit possible aux actionnaires. Si on laissait mon ami T. et ses collègues s'organiser eux-mêmes, sans la masse de managers, de contrôleurs, de responsables RH, etc., on ferait, certes, de belles économies de masse salariale et on dégraderait la situation financière de toute une génération de jeunes diplômés d'école de commerce. Mais surtout, on donnerait à T. et ses collègues la possibilité de bien faire leur travail : entretenir de bonnes relations avec les entreprises clientes de leur service informatique ; respecter la durée hebdomadaire de travail ; collaborer entre collègues ; facturer au juste prix, voire proposer des missions à bas coût pour des associations… L'être humain peut être vraiment terrible quand il s'agit de ne pas chercher uniquement à produire du fric ! Or, rappelons que dans une entreprise capitaliste, l'objectif n'est pas simplement de faire tourner la boutique, mais de générer un surplus toujours plus important pour les actionnaires. C'est pourquoi un état-major est déployé pour faire en sorte que le travail soit optimisé vers la remontée de profit, et rien d'autre. Et ce, même si durant ces dernières années, on a vu émerger tout un secteur fait de consultants en « bien-être », en « qualité de vie au travail » et en psychologie positive chargés d'aller chercher la source de profit encore plus profondément dans la psyché des individus, le tout mâtiné de bons sentiments.

INFANTILISATION DES SALARIÉS ET QUANTIFICATION DU TRAVAIL

Bref, pour que les chaînes du capitalisme s'appliquent et que l'argent remonte dans les poches des possédants, il faut du monde. C'est ici que la classe des sous-bourgeois apparaît : pas seulement pour surveiller chaque travailleur, comme un contremaître, non, mais aussi pour insuffler dans les entreprises et toute la société une ambiance qui favorise et justifie un ordre social injuste. Dans les entreprises privées et les administrations, une sous-classe entière en costume cravate et chaussures pointues, plus récemment en jean et baskets blanches, s'est développée depuis plusieurs décennies, au point d'être devenue incontournable : les consultants des cabinets de conseil, au profit desquels le gouvernement Macron dépense des milliards, sont les moines-soldats de la conversion du monde du travail, services publics inclus, en logiques marchandes. En avril 2022, Adèle K., ex-salariée d'une agence publique, racontait ce que les consultants du cabinet EY, déployés dans ses services, avaient instauré comme ambiance : *« L'idée, c'est que, si les dossiers n'avancent pas suffisamment vite, ce n'est pas parce que des postes disparaissent chaque année, ni parce que les cadences imposées par les cabinets ministériels sont invraisemblables, mais c'est parce qu'on ne sait pas s'or-ga-ni-ser. Mes collègues et moi avons donc dû commencer à déclarer ce qu'on faisait quasiment heure par heure. Certains ont vu leur emploi du temps découpé comme à l'époque du collège : "Le lundi matin tu fais ça, le mardi tu fais ça… ". Chaque année, dans le cadre d'un "contrat d'objectifs et de performance", on doit également produire des chiffres pour montrer qu'on sert à quelque chose. »*

L'infantilisation racontée ici ainsi que la mesure du travail à coup de fichiers Excel sont deux caractéristiques de l'idéologie dominante en matière de travail en entreprise : elle part du principe que l'autonomie des salariés doit rester une pure posture, car la paresse serait toujours en embuscade et que sans chef tatillon et procédures strictes, ce serait le chaos. Et dans un sens, c'est vrai : le sabotage au travail, c'est-à-dire le fait d'en faire le moins possible pour ne pas participer au vol de ce que l'on produit par l'actionnaire, est un mode d'action prôné par la CGT au début du siècle dernier. À travers la pratique du « *quiet quitting* » (ou « démission silencieuse »), une partie de la jeunesse raconte, sur le réseau social TikTok, toutes les stratégies mises en place pour ne pas faire de zèle. Les directions doivent donc lutter contre ce péril, mais cette idéologie au travail passe aussi par le besoin de pouvoir quantifier de manière aussi précise que possible tout processus de travail, afin d'assurer aux actionnaires que tout est mis en œuvre pour maximiser la remontée de profits. Les consultants des grands cabinets de conseil viennent donner cette illusion de contrôle aux directions, et proposent de grandes dynamiques de « transformation », souvent les mêmes d'une multinationale à l'autre, pour démontrer aux « investisseurs » qu'ils agissent pour « optimiser » en permanence l'appareil productif.

Cette idéologie dominante qui s'impose au travail via les cabinets de conseil implique, plus largement, l'imposition d'un langage dans le débat public, de façon à cadrer strictement ce qu'il est possible de dire et de penser. Le rôle de la sous-bourgeoisie en la matière est déterminant. Par exemple en remplaçant des termes jugés péjoratifs : « investisseur » est un bon exemple de cette propagande soft. N'importe quel politique prétend vouloir mettre en place une fiscalité allégée pour « attirer les investisseurs ». Or, les investisseurs, ce sont, en réalité, les possédants, les propriétaires ou les capitalistes… bref, les bourgeois. Mais le terme « investisseur » insiste

sur ce qu'ils prétendent faire – investir dans l'appareil productif – pour faire oublier ce qu'ils sont – un groupe social qui s'enrichit, de génération en génération, précisément parce qu'il investit le moins possible, mais cherche à accumuler le plus possible. Le terme « entrepreneur », qui a été imposé à la place de « patron », correspond à la même logique : on parle de ce qu'ils prétendent faire, c'est-à-dire entreprendre – terme dynamique et courageux – pour ne pas parler de ce qu'ils sont de fait, à savoir des patrons. Notons qu'il y a beaucoup de patrons qui n'entreprennent rien du tout, ils se contentent de voir la machine tourner, d'en racheter d'autres et de récompenser ceux qui les possèdent, lui inclus. Et dans les entreprises, le fameux « collaborateur » a une valeur performative : il indique aux salariés dans quel état d'esprit ils doivent travailler, en faisant comme si c'était une collaboration équitable entre égaux qui se jouait et non une exploitation de leur force de travail par un propriétaire.

QUI EST SOUS-BOURGEOIS ?

Mais l'ambiance idéologique qui pèse sur une société n'est pas uniquement produite par des cadres supérieurs en entreprise et des cabinets de conseil. Le nombre et la diversité de celles et ceux qui y contribuent est bien plus importante, et elle descend le long de la hiérarchie sociale... mais jusqu'où ?

À ce stade, on peut déjà tracer une frontière vers le haut : la sous-bourgeoisie, ce groupe social qui assure à la classe possédante – la bourgeoisie – un climat idéologique et une organisation de la société favorable à ses intérêts, ne se confond pas toujours avec elle. S'il est clair que les bourgeois sont ceux qui possèdent les capitaux, les sous-bourgeois ont généralement du capital immobilier, mais participent nettement moins à la possession de capitaux financiers, ceux qui donnent du pouvoir sur l'économie. Mais parce qu'ils possèdent un ou plusieurs diplômes qui leur donnent une importance et un pouvoir idéologique, et qu'ils sont bien récompensés par un train de vie aisé et un prestige social, ils sont – sauf exceptions, on y reviendra – fidèles à la bourgeoisie. Mais jusqu'où cela va-t-il ? Les profs de collège ou de lycée qui inculquent aux jeunes les valeurs du travail, de la discipline et du respect des institutions sont-ils, par exemple, dans notre raisonnement, des sous-bourgeois ?

En 1990, le sociologue Alain Bihr publiait un livre intitulé *Entre bourgeoisie et prolétariat : l'encadrement capitaliste*. Comme son nom l'indique, cet ouvrage contient l'idée selon laquelle il n'y aurait pas deux classes sociales qui s'opposent dans le monde capitaliste, mais trois. Entre ceux qui possèdent et ceux qui travaillent, il y aurait une « classe d'encadrement capitaliste » qu'Alain Bihr définit en ces termes : *« Il ne s'agit pas seulement du personnel d'encadrement des entreprises capitalistes, mais aussi bien de celui des appareils d'État, des professionnels de la vie syndicale et politique, des animateurs sociaux et culturels, etc. Bref de tous ceux qui, dans la division sociale du travail se voient confier les tâches d'encadrement (d'organisation, de conception, de légitimation, de contrôle) des groupes sociaux, des pratiques sociales, des rapports sociaux, dont la fonction générale est d'assurer la reproduction globale du capital, c'est-à-dire sa domination non pas sur le seul acte social de travail [...], mais plus largement sur la société dans son ensemble et à tous ses niveaux (économique, social et politique). »* Notons qu'il s'agit là d'une définition très extensive. À l'époque où le livre a été écrit, à la fin des années 80 donc, après 9 ans de mitterrandisme et de pouvoir du PS, dont toute une partie des cadres étaient issus du monde enseignant et culturel, une définition aussi large de la classe d'encadrement capitaliste se justifiait certainement. Et ce, d'autant plus que ce concept permet de comprendre pourquoi, après avoir été amenée au pouvoir par un large soutien des classes laborieuses, la sous-bourgeoisie socialiste n'a pas eu grand complexe à renoncer

La France étant l'un des sièges sociaux du capitalisme, encore très largement défini par les rapports instaurés par le colonialisme, nous sommes de plus en plus nombreux à y être des employés de bureau.

à améliorer leur sort et a, bien au contraire, pris des orientations qui ont aggravé la condition travailleuse en France.

Mais trente ans plus tard, beaucoup de choses ont changé : la masse salariale du secteur dit tertiaire, c'est-à-dire du travail non-ouvrier, qui prend place généralement dans des immeubles de bureaux, des services administratifs, etc., a considérablement augmenté en proportion de la population. Cela s'explique notamment par la position qu'un pays tel que la France a dans la mondialisation et par la division du travail capitaliste qu'elle implique : une partie de la production a été transférée dans des pays à plus faible coût et à moindres droits du travail, même si le groupe des ouvriers demeure très important, contrairement au récit bourgeois selon lequel ils auraient tout bonnement « disparus ». La France étant l'un des sièges sociaux du capitalisme, encore très largement défini par les rapports instaurés par le colonialisme, nous sommes de plus en plus nombreux à y être des employés de bureau. Cela a permis à la bourgeoisie et à ses défenseurs de justifier l'un de ses récits favoris : la « moyennisation de la société ». Il n'y aurait plus de lutte des classes, mais une grande classe moyenne avec d'un côté quelques riches, de l'autre quelques pauvres, devenus les « exclus ». Là encore, c'est une théorie datée, diffusée à la fin des années 70 par un sociologue du nom d'Henri Mendras qui se basait sur le constat, à l'époque empirique, d'une dynamique de réduction des inégalités économiques entre les Français. Encore enseignée de nos jours, cette théorie ne vaut plus un kopeck : depuis trente ans, les inégalités sont remontées. Cela veut dire que l'augmentation du nombre de postes dans le tertiaire ne s'est pas traduite par une égalisation des conditions matérielles : nous ne sommes pas tous devenus des petits bourgeois – c'est-à-dire des sortes de bourgeois pauvres – à partir du moment où nous ne travaillons pas à l'usine. Et par conséquent, ce n'est pas parce que nous sommes de plus en plus nombreux à faire des études que nous sommes tous des « transfuges de classes » : notre parcours scolaire plus avancé que celui de nos parents ne fait souvent que répondre aux demandes des mutations du capitalisme... sans garantir un meilleur niveau de vie.

Au contraire même : le boom du secteur tertiaire a créé son cortège de métiers sous-payés, externalisés, précarisés, que cela soit dans la logistique, le nettoyage, la comptabilité, les tâches administratives de toutes sortes et désormais, de façon grandissante chaque année, l'enseignement. Des métiers autrefois auréolés de prestige, qui garantissaient une notoriété locale, sont devenus sous-payés et ultra-subordonnés. Pour ceux qui ont dû lire ou regarder « la Gloire de mon père » de Marcel Pagnol, le père est un instituteur au début du siècle dernier qui s'auréole de grands principes de la République, fier comme pas possible, tout en ayant besoin de donner le change auprès des chasseurs de Provence. Clairement, les instits ne se la pètent plus autant. Et pour cause, le train de vie des fonctionnaires de l'Éducation nationale a clairement diminué : le salaire brut des jeunes enseignants de collège (hors primes) équivalait à 2,3 fois le Smic en 1980, or il n'était plus qu'à 1,2 fois le salaire minimum en 2021, soit 40 ans plus tard, selon les calculs de l'économiste Lucas Chancel. Et puisque leurs conditions de travail se sont clairement dégradées avec une réduction continue des effectifs et une forte instabilité des programmes et du fonctionnement de l'institution scolaire, soumise en permanence aux obsessions conservatrices de la classe politique française, les profs ne constituent plus un groupe dont le métier serait enviable et susciterait des vocations.

Pour combattre un système de classe, il est important de distinguer différentes fonctions et différentes responsabilités de ces fonctions dans le maintien de ce système.

UNE CLASSE INTÉRESSÉE AU TRIOMPHE DE LA BOURGEOISIE

Il en va de même des nombreuses catégories que l'on pourrait, de prime abord, associer à cette classe d'encadrement capitaliste : les journalistes, par exemple, sont traversés par des différences très fortes de statuts et de revenus, bien que l'homogénéité sociale de ce groupe reste relativement importante ; les écoles de journalisme restent assez exclusives dans leur composition sociologique. Les travailleurs sociaux, mentionnés par Alain Bihr dans les années 90, sont désormais extrêmement mal payés et soumis aux mutations du secteur associatif, de plus en plus aligné avec l'ordre marchand du monde capitaliste, puisque la mise en concurrence et les logiques managériales y ont été imposées.

Si, à *Frustration*, nous avons retenu le terme de « sous-bourgeois » pour décrire ce groupe intermédiaire, c'est pour sortir de la définition trop extensive des « classes moyennes » qui, en voulant désigner tout le monde, ne désignent plus personne. Pour combattre un système de classe, il est important de distinguer différentes fonctions et différentes responsabilités de ces fonctions dans le maintien de ce système. Pour reprendre les termes de La Boétie, il s'agit plutôt de chercher les 600 ou 6000 personnes que les millions. Car oui, dans un sens, nous sommes quasiment tous diffuseurs de l'idéologie dominante. En vivant un mode de vie salarié, en faisant nos courses, en reprenant certains termes et discours rabâchés tous les soirs à la télévision, nous devenons des petits idéologues du capitalisme. Mais ce n'est pas nous qui en sommes les responsables, les concepteurs, les producteurs clés. Et c'est à eux qu'il faut prioritairement s'en prendre. Mais comment les distinguer ?

En 1974, le militant marxiste et intellectuel américain Harry Braverman répondait à cette question dans son livre *Travail et capitalisme monopoliste* : selon lui, le capitalisme génère bien des couches moyennes salariées qui sont exposées, sans être ouvrières ou sans faire un travail dit manuel, à une très forte subordination au travail et à des processus successifs de déqualification. Mais il montre bien qu'il existe une classe chargée, elle, de l'organisation du travail : « *Le capital choisit une équipe de gestion pour le représenter sur place [dans les entreprises], équipe qui, le représentant, supervise et organise le travail de la classe laborieuse* ». Pour Braverman, ceux qui comptent vraiment, dans cette équipe, sont ceux dont les fonctions dirigeantes leur offrent « *une part du surplus produit par l'entreprise (...) destinée à les attacher au succès et aux échecs de l'entreprise et à leur donner une part des intérêts des chefs d'entreprise, même si elle est maigre.* » On voit très vite, dans une entreprise, qui semble faire sien les intérêts du patron et des actionnaires, et qui travaille simplement pour gagner sa vie et retrouver les collègues ou les clients. Nos entreprises et administrations sont dominées par une clique de gens qui, parce qu'ils sont intéressés financièrement ou symboliquement (on les récompense en prestige, promesses et gratifications diverses), « se donnent à 100 % » et attendent de leurs subordonnés qu'ils en fassent de même.

En France, les personnes qui font partie des 10 % les plus riches et qui occupent des fonctions élevées d'encadrement ont vu leurs revenus globalement augmenter. Ils ne subissent pas les crises successives, ils peuvent mener une vie confortable et, en bonne place dans la course à l'accumulation de patrimoine immobilier, ils peuvent espérer le transmettre à leurs enfants.

Les sous-bourgeois ne sont donc pas simplement des gens dont la fonction est d'organiser le travail des autres. Ils sont intéressés au bon fonctionnement de l'exploitation capitaliste, y participent avec zèle parce qu'ils récupèrent une partie des gains de la bonne marche du système. En France, les personnes qui font partie des 10 % les plus riches et qui occupent des fonctions élevées d'encadrement ont vu leurs revenus globalement augmenter. Ils ne subissent pas les crises successives, ils peuvent mener une vie confortable et, en bonne place dans la course à l'accumulation de patrimoine immobilier, ils peuvent espérer le transmettre à leurs enfants. En cela, leur expérience de la société de classes est radicalement différente de celle de tous les autres, même s'ils ne sont pas à proprement parler aux commandes. Ils sont bien des « sous » bourgeois, à leur service, comme nous tous pourrait-on dire, or c'est un service actif, enthousiaste et rétributeur. Ils sont, par conséquent, la base électorale de Macron, qui ne peut se contenter des quelques milliers de grands bourgeois qu'il sert pour le maintenir au pouvoir.

Pour résumer, on pourrait dire que la sous-bourgeoisie est une catégorie dynamique (ses contours changent avec le temps, une classe sociale étant un rapport social et non une chose) qui comporte les personnes qui, à une époque donnée :

- Occupent des positions sociales dirigeantes ou non-subordonnées de supervision, de conception et d'organisation du travail des autres.
- Doivent ces positions à des diplômes acquis et largement liés à leur milieu social d'origine (des diplômes donnés par l'université au XXe siècle et désormais principalement donnés par les grandes écoles et les écoles de commerce), bien qu'ils les présentent le plus souvent comme la sanction d'un talent, d'une intelligence ou d'un mérite individuel.
- Ont une influence décisive sur l'ambiance idéologique d'une entreprise ou de la société. Pas tant en imposant des idées précises aux gens qu'en définissant le cadre de ce qu'il est acceptable de penser.
- Obtiennent une part des gains obtenus par l'exploitation capitaliste (ou la réorganisation marchande des services publics ou des associations, le cas échéant) sous forme de prime, d'actions, d'avantages en nature, etc. Ils espèrent donc souvent bénéficier de l'intensification de la remontée de profit / de réduction des dépenses publiques.

AVONS-NOUS BESOIN DES SOUS-BOURGEOIS POUR FAIRE LA RÉVOLUTION ?

Nous avons remarqué que les membres de cette classe, qui ont pour principale compétence une maîtrise du langage et un certain monopole de la diffusion des idées, ont tendance à donner de leur fonction sociale une image plus positive que celle, objective et froide, que nous donnons ici. Parfois, on les nomme « intellectuels », « bourgeoisie culturelle » à la limite, « gens cultivés » ou « diplômés ». En parlant de « sous- » bourgeoisie, nous

Et pourquoi aurait-on absolument besoin d'une classe qui regroupe toutes celles et ceux dont l'unique compétence est de mettre en ordre le monde du travail et la société tout entière pour maximiser le pouvoir et les profits de la bourgeoisie est-elle vraiment la meilleure conseillère pour penser un monde débarrassé de son système de valeurs viciées ?

voulons rappeler la basse besogne à laquelle cette classe se livre, afin de réduire un peu un prestige social que rien, dans le fond, ne justifie.

Bien entendu, derrière une classe sociale, il y a des individus. Et certaines et certains prennent conscience, particulièrement ces dernières années, du rôle que la bourgeoisie leur donne. Et depuis qu'il est avéré que la poursuite du capitalisme intensif est la cause de l'atteinte d'un point de non-retour dans le changement climatique, certains membres de la classe sous-bourgeoise, surtout parmi les jeunes diplômés, ont des problèmes de conscience. Comme le faisait remarquer Frédéric Lordon, « *la destruction capitaliste de la classe ouvrière n'intéressait pas la bourgeoisie culturelle, il était donc simple et logique de la passer sous silence. Celle de la planète est plus difficile à évacuer, impossible de ne pas en dire quelque chose.* » Mais ce quelque chose peine à inclure le terme de « capitalisme », remarque-t-il, et de « bourgeoisie », ajoute-t-on, car la classe sous-bourgeoise, même quand elle se rebelle, ménage toujours ses maîtres et préserve son propre confort matériel et moral... Si ces avancées individuelles sont évidemment à saluer et à encourager – moins d'ingénieurs qui veulent travailler pour Total Energies, c'est toujours bon à prendre – il nous semble essentiel de nous méfier de la façon dont les sous-bourgeois s'emparent d'un combat politique, écologique et social.

Il est très répandu, à gauche, de dire que pour un changement social radical, nous aurions « besoin » des diplômés des grandes écoles, des cadres sup', des hauts fonctionnaires, bref, des sous-bourgeois. François Ruffin le disait en ces termes en 2017 : « *On aura besoin de cerveaux bien construits venus des grandes écoles, de HEC, de Polytechnique, on aura besoin du peuple bien sûr, mais aussi de l'élite* ».

D'abord, est-on sûr que les grandes écoles produisent des « cerveaux bien construits » ? Une journée à HEC pourrait convaincre le député insoumis du contraire. Il évoque également les « techniciens » dont on aurait besoin. Mais précisément, ceux dont ils parlent ne sont pas des techniciens, mais ceux qui disent aux techniciens comment bosser. Et pourquoi aurait-on absolument besoin d'une classe qui regroupe toutes celles et ceux dont l'unique compétence est de mettre en ordre le monde du travail et la société tout entière pour maximiser le pouvoir et les profits de la bourgeoisie ? Est-elle vraiment la meilleure conseillère pour penser un monde débarrassé de son système de valeurs viciées ? Ne doit-on pas plutôt craindre qu'elle utilise son prestige intact pour préserver *in fine* un système qui lui est favorable ? Les expériences de réformes sociales avortées, à commencer par celles de 1981, vont plutôt dans ce sens. Par conséquent, alarmons-nous plutôt de la composition sociale extrêmement diplômée et donc tendanciellement sous-bourgeoise des forces politiques chargées de nous représenter...

Pour mieux combattre la bourgeoisie et ses idées, il faut connaître les forces sociales qui la défendent et leurs logiques propres. La police forme la barrière physique entre les possédants et nous. La sous-bourgeoisie forme la barrière mentale qui enjolive, donne du sens ou une permanence au règne brutal, insensé et injuste de la classe possédante. ▪

MOTS CROISÉS

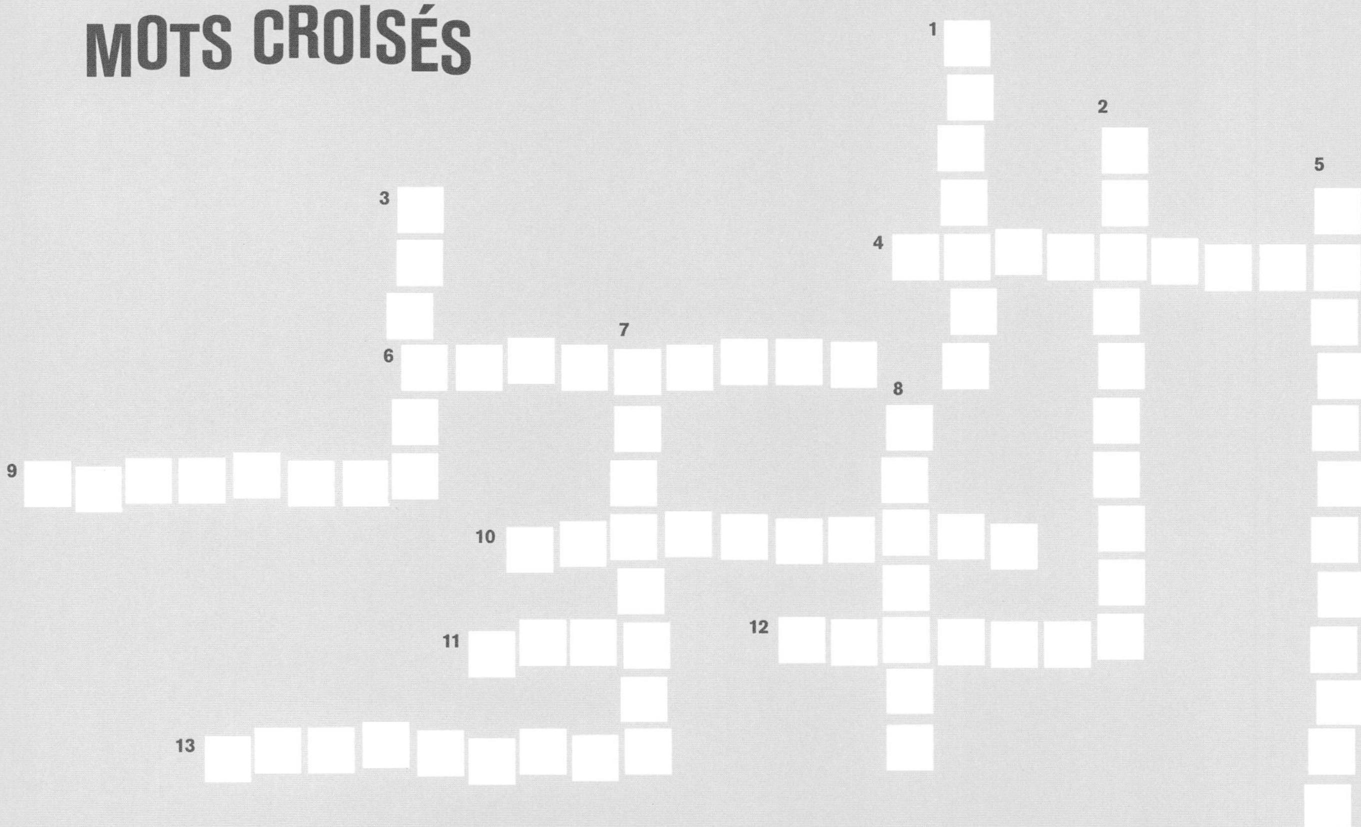

VERTICAL

1. RÉVOLTE CONTRE LES MACHINES AU XIXᴱ SIÈCLE
2. PENSÉE CRITIQUE À LA FOIS DU CAPITALISME ET DE L'ÉTAT
3. LES BOURGEOIS PENSENT QUE C'EST POUR ÇA QU'ILS ONT DE LA THUNE (ALORS QUE C'EST JUSTE QU'ILS SONT BIEN NÉS)
5. ELLE TOUCHE 10 À 20 % DES FEMMES, ET POURTANT L'ERRANCE DIAGNOSTIQUE EST QUASIMENT LA RÈGLE
7. MALADIE QUI TOUCHE TRÈS PARTICULIÈREMENT LES JEUNES FEMMES, MAIS AUSSI PLUS MAJORITAIREMENT CELLES DES CLASSES SUPÉRIEURES
8. RÉVOLUTIONNAIRE RUSSE DU DÉBUT DU XXᴱ SIÈCLE

HORIZONTAL

4. CLAIREMENT DEPUIS MACRON, C'EST CE QU'EST LA FRANCE
6. AUGMENTATION DES PRIX
9. MANŒUVRE AYANT POUR OBJECTIF DE DÉSORGANISER
10. MILLIARDAIRE ET POLITIQUE ITALIEN DÉCÉDÉ EN 2023
11. PENSEUR ALLEMAND QUI A DÉCORTIQUÉ LE CAPITALISME
12. CHANTIER DE RETENUES D'EAU QUI NE BÉNÉFICIE QU'À UNE POIGNÉE D'AGRICULTEURS
13. POUR GUY DEBORD IL DÉSIGNE LA SOCIÉTÉ MARCHANDE QUI EST ASSIMILÉE À UNE REPRÉSENTATION

SOLUTIONS

VERTICAL
1. LUDDITE
2. ANARCHISME
3. MÉRITE
5. ENDOMÉTRIOSE
7. ANOREXIE
8. TROTSKY

HORIZONTAL
4. DICTATURE
6. INFLATION
9. SABOTAGE
10. BERLUSCONI
11. MARX
12. BASSINE
13. SPECTACLE

PORTRAIT

KŘETÍN

LE BOURGEOIS POLLUEUR

Le nom de Daniel Křetínský vous dit sans doute quelque chose. Il s'empare, progressivement, d'une partie de l'économie française. Les médias, l'énergie, la grande distribution, rien ne semble l'arrêter. Les médias français aiment beaucoup parler de ce milliardaire qui est, selon eux, « *parti de rien* », « *pour bâtir un empire en toute discrétion* » et qui « *surprend autant qu'il fascine* ». En toute rigueur journalistique, il est même « *la plus belle réussite européenne des vingt dernières années* », selon Le Point. « *Pour déjeuner, il se contente d'un bol de soupe. Il conduit lui-même sa voiture* », s'enflamme France Info. Les formules toutes faites et les éloges parsèment des dizaines d'articles à sa gloire. Les journalistes doivent sans doute se dire qu'il risque à tout moment de racheter leur magazine et qu'il vaut donc mieux déjà commencer à lui cirer les pompes. Du coup, ils ne s'étendent pas sur la source de son empire financier : l'argent de la pollution. On vous explique tout.

PAR GUILLAUME ETIÉVANT

SKÝ QUI RACHÈTE L'ÉCONOMIE FRANÇAISE

Le petit Daniel est né à Brno, en République tchèque, le 9 juillet 1975. Ses parents n'ont pas l'air d'être des gros capitalistes pour une fois : sa mère était juge à la Cour constitutionnelle tchèque et son père professeur d'informatique. Daniel Křetínský a fait des études de droit et a rejoint le fond d'investissement J&T en 1999, d'abord comme juriste. Petit à petit, il va piloter des investissements. Son idée ? Acquérir des actions dans des entreprises spécialisées dans les énergies bien polluantes et pas chères. Il se positionne à contre-courant du développement des énergies renouvelables, en étant convaincu que celui-ci va prendre beaucoup de temps. Il compte ainsi se faire un maximum d'argent grâce au gaz et au charbon pendant des années, avant que ces énergies ne déclinent. Greenpeace résume ainsi la situation : « *Křetínský, c'est un peu l'éboueur qui s'est proposé de ramasser à la casse les poubelles pleines de CO2 de tous les grands énergéticiens européens désireux de verdir leur bilan* ».

Avec l'aide de J&T et en particulier du banquier Patrick Tkac, il crée la société industrielle énergétique EPH (Energeticky a Prumyslovy Holding) en 2009, avec laquelle il rachète des mines et des centrales à charbon notamment en Allemagne et en France. Son business est bien rodé : ses acquisitions ne coûtent pas chères, car elles sont vouées à terme à la fermeture. Mais elles continuent de générer des profits pendant des années. De plus, Křetínský négocie de lourdes indemnités quand un État impose des fermetures pour raisons climatiques (par exemple, EPH a obtenu 1,75 milliard d'euros de la part de l'État allemand).

En parallèle, il investit dans le gaz l'argent généré par le charbon. Son « *coup de maître* », comme disent les médias, c'est d'avoir acquis 49 % d'Eustream, qui transporte le gaz russe vers l'Union européenne grâce à des gazoducs en Ukraine et en Slovaquie. Ainsi, EPH est rapidement devenu le plus gros importateur de gaz russe en Europe. À force d'acquisitions, EPH produit l'équivalent de vingt réacteurs nucléaires d'électricité, avec du charbon et du gaz.

L'UN DES PLUS GROS POLLUEURS D'EUROPE

Même la guerre en Ukraine n'a pas mis en péril son activité, car EPH avait stocké beaucoup de gaz, que le groupe a pu vendre à des prix très élevés. De plus, pour compenser les tensions sur l'approvisionnement en gaz russe, certaines des centrales à charbon qu'il détient ont eu le droit de relancer leur production. Par exemple, celle de Saint-Avold, en Moselle, qui avait été mise à l'arrêt en mars 2022, a été réactivée en fin d'année. Au-delà de la France, EPH possède des centrales à charbon dans de nombreux pays : Tchéquie,

EPH EST L'UNE DES ENTREPRISES ÉNERGÉTIQUES LES PLUS POLLUANTES DE TOUTE L'EUROPE.

Slovaquie, Italie, Royaume-Uni et Allemagne. Évidemment, quand une centrale fermée reprend finalement son activité pour compenser les difficultés d'approvisionnement liées à la guerre en Ukraine, EPH ne rembourse pas les indemnités touchées.

Au total, comme l'indique le réseau Reset dans une étude[1], EPH est l'une des entreprises énergétiques les plus polluantes de toute l'Europe : ses centrales électriques, dont la capacité installée totale est de 12,28 gigawatts, émettent plus d'émissions de gaz à effet de serre que toute la Finlande. « *Un classement établi en 2022 par Ember et Europe Beyond Coal estimait ainsi qu'EPH avait le pire plan de décarbonation de toutes les entreprises énergétiques européennes. Le groupe a aussi le plus important plan de construction de nouvelles centrales et infrastructures gazières de tout le vieux continent* », note quant à lui l'Observatoire des multinationales[2].

EN 2022, IL A FAIT MODIFIER LA UNE DU JOURNAL *MARIANNE* POUR SOUTENIR LA CANDIDATURE DE MACRON.

Avec ce business florissant, on comprend mieux pourquoi Křetínský est rapidement devenu milliardaire. EPH, dont il est le principal actionnaire (à 94 %), est désormais la plus grosse entreprise tchèque. Ses profits nets sont passés de 1,2 milliard d'euros en 2021 à 3,8 milliards en 2022, réalisés à l'aide de ses dix centrales à charbon, ses dix centrales à gaz, ses deux centrales nucléaires, et son gazoduc. Quant à sa fortune personnelle, elle s'élève à environ 8,6 milliards d'euros, selon le magazine Forbes.

DÉPENSER DES MILLIARDS DANS LES MÉDIAS FRANÇAIS POUR DÉFENDRE SA LIGNE POLITIQUE

En 2014, Křetínský a commencé à utiliser la manne financière générée par les énergies polluantes pour développer son activité dans d'autres secteurs économiques, en particulier les médias, avec les acquisitions de titres de presse tchèques, slovaques et roumains. Son empire dans les médias et l'édition s'est d'abord construit à partir du rachat pour 170 millions d'euros des actifs tchèques détenus jusqu'alors par les groupes Ringier et Axel Springer. Ensuite, il s'est attaqué à la France, en rachetant notamment *Elle*, *Télé 7 Jours*, *Public*, *France Dimanche* et *Ici Paris* à Lagardère, puis *Marianne* et des parts dans *Le Monde*. Les journalistes du quotidien national ne l'ont d'ailleurs pas forcément vu d'un bon œil, ayant peur de sa réputation de « *cost killer* »[3]. En 2023, il a racheté à Vivendi son groupe Editis (Robert Laffont, Nathan, Le Robert, Plon, Julliard ou Pocket, etc.) pour un montant de 500 millions d'euros. « *Est-ce le souvenir des pommes de terre frites de sa mère, il a montré un bel appétit* », s'interroge *Les Echos*, avec leur sens légendaire de l'analyse, à propos de ces innombrables acquisitions. Dans sa grande bonté, il a même prêté 14 millions d'euros à *Libération*, sans prendre de part dans le capital.

Křetínský justifie tous ces investissements par sa volonté de défendre la liberté d'expression. On vous rassure, il n'a pourtant jamais proposé de financer *Frustration*. En réalité, cet argent déversé sur les médias lui permet surtout d'avoir une vitrine et de maîtriser leur ligne éditoriale. Par exemple, en 2022, il a fait modifier la une du journal *Marianne* pour soutenir la candidature de Macron à l'élection présidentielle. Rien de surprenant, puisque Křetínský considère que Macron est « *un grand talent* » et préférerait que « *Marianne soit un peu plus objectif avec lui* »[4]. Non content d'acheter des journaux existants, Křetínský a également financé la création du journal *Franc-Tireur* pour « *lutter contre l'obscurantisme* », c'est-à-dire soutenir la candidature de Macron aux présidentielles, avec l'aide de Caroline Fourest, Raphaël Enthoven et Christophe Barbier.

Autre terrain de jeu pour le milliardaire : la grande distribution. Il détient notamment 40 % du grossiste allemand Metro, 5 % de Fnac-Darty en France et 10 % du capital des magasins britanniques Sainsbury's. En 2023, il est devenu également actionnaire majoritaire du groupe Casino (Monoprix, Naturalia, Franprix, Leader Price, etc.), avec son comparse Marc Ladreit de Lacharrière (pour un montant total de 900 millions d'euros à tous les deux), milliardaire propriétaire de l'agence de notation Fitch Ratings, et connu notamment pour avoir prêté de l'argent à François Fillon pour rénover son manoir et avoir embauché sa femme pour un emploi fictif dans la revue qu'il préside.

Autre qualité de Ladreit de Lacharrière : il est très ami avec Jean-Charles Naouri, l'ancien propriétaire de Casino, ce qui a grandement facilité le rachat. Si ce nom ne vous dit rien, avant d'être un gros patron, Naouri est celui qui a déréglementé la finance en France dans les années 80 quand il était directeur de cabinet de Pierre Bérégovoy. Il était devenu ensuite associé de la banque Rothschild avant d'investir dans la grande distribution via un recours très fort à l'endettement. En 2023, il a été visé par une enquête pour « *manipulation de cours en bande organisée, corruption privée active et passive* ». Le fond de l'affaire est que son groupe Casino aurait payé 800 000 euros à l'escroc d'extrême-droite Nicolas Miguet, qui dirige un journal boursier, pour convaincre ses lecteurs d'acheter en bourse des actions du groupe pour soutenir le cours[5].

Křetínský a l'air de bien s'entourer pour un type qui prétend réaliser ses investissements par « *engagement citoyen* »[6]. Le parcours de ce milliardaire montre une fois de plus à quel point les enjeux écologiques et sociaux sont pleinement liés. Les milliards de profits qu'il engrange en polluant la planète lui permettent d'asseoir progressivement sa domination sur les médias français et sur de plus en plus de secteurs de l'économie. Il représente ainsi un danger pour nous tous, qui avance de moins en moins masqué. Il ne faut plus tarder avant de riposter. ▪

1 Comment EPH de Daniel Křetínský détruit le climat, profite de la précarité énergétique et menace la démocratie, réseau Reset, 2023.

2 multinationales.org/fr/actualites/daniel-Křetínský-une-fortune-basee-sur-les-energies-fossiles

3 www.lemonde.fr/actualite-medias/article/2018/10/17/le-milliardaire-tcheque-daniel-Křetínský-negocie-son-entree-dans-le-groupe-de-matthieu-pigasse-actionnaire-du-monde_5370876_3236.html

4 *Mister K.*, Jérôme Lefilliâtre, éditions du Seuil, 2020.

5 www.leparisien.fr/faits-divers/le-pdg-de-casino-en-garde-a-vue-dans-le-cadre-dune-enquete-pour-manipulation-de-cours-01-06-2023-HUAKCSQKLJGARA5SW2E7DEAHMA.php

6 www.lesechos.fr/tech-medias/medias/daniel-Křetínský-investir-dans-la-presse-est-pour-moi-un-engagement-citoyen-144790

ON A VU

Rob Grams

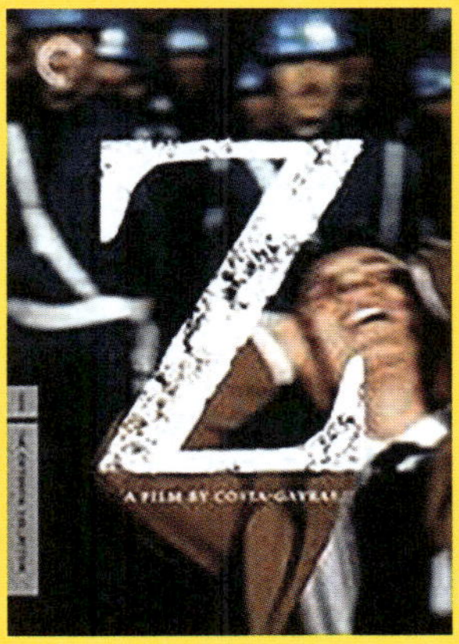

« Z » : PLONGÉE EN DICTATURE

Z est un film du franco-grec Costa-Gavras (réalisateur d'*Amen, Music Box, Missing*…) et écrit par Jorge Semprun, sorti en 1969 soit 2 ans après l'instauration de la dictature des colonels en Grèce (régime autoritaire militaire qui a gouverné le pays de 1967 à 1974).
Il s'inspire plus que largement de l'assassinat réel par un groupe d'extrême droite de Grigoris Lambrakis, député de gauche pacifiste, par ailleurs proche de Mikis Théodorakis (le compositeur du film). Film très politique, il est autant un réquisitoire contre la dictature qu'une analyse assez fine de la transition d'un régime vers l'autre. Assez d'actualité donc…

« LE PROCÈS GOLDMAN » : LA JUSTICE EN QUESTION

Après *Anatomie d'une Chute* de Justine Triet palmé à Cannes mais refusé aux Oscars probablement en raison des positions anti-macronistes de sa réalisatrice, *Le Procès Goldman* était le second grand « film de procès » de 2023. Il reconstitue (avec les libertés de la fiction) le procès de Pierre Goldman. Frère de Jean-Jacques, Pierre Goldman était le fils de parents juifs polonais et héros de la Résistance française. Il fut dans les années 1960 dirigeant de services d'ordres de plusieurs organisations de gauche, militant étudiant contre la guerre d'Algérie, avant de s'engager dans la lutte armée dans le maquis vénézuelien. À son retour en France, il tombe dans le banditisme et commet des braquages. Arrêté, il est également accusé du meurtre de deux pharmaciennes. C'est sur son procès pour braquage et homicides que revient le film réussi de Cédric Kahn, abordant avec beaucoup de finesse et d'intelligence l'identité juive européenne, le racisme structurel, la machine policière et judiciaire, ainsi que la personnalité complexe, unique et fascinante de Pierre Goldman.

« LE 13e » : LA PRISON AUX ÉTATS-UNIS, UN SYSTÈME CAPITALISTE ET RACISTE

Disponible sur Netflix, *Le 13e* (2016) est un film documentaire de la réalisatrice américaine Ava DuVernay. Bien qu'assez classique dans sa forme, ce dernier a le mérite d'aborder un sujet passionnant : l'incarcération de masse aux États-Unis. Alors que les États-Unis ne représentent que 5 % de la population mondiale, c'est là-bas que se trouvent 25 % des personnes incarcérées dans le monde ! C'est cet apparent paradoxe que le film tente d'expliquer. « Le 13e » fait référence au treizième amendement de la Constitution américaine, celui interdisant l'esclavage… sauf dans le cas d'emprisonnement pour un crime. La réalisatrice revient donc sur la continuité historique entre le système esclavagiste et le système carcéral, notamment à l'aide d'intervenantes et d'intervenants de qualité, à l'image d'Angela Davis, ancienne militante du Black Panther Party et autrice, entre autres, de *Femmes, Race et Classe* (1981) dont nous parlions dans notre numéro 2022-2023.

PORTRAIT

A ROB GRAMS PRODUCTION

BOLLORÉ

LE MILLIARDAIRE D'EXTRÊME DROITE QUE TOUT LE MONDE CRAINT

Le 9 juillet 2023, Pap Ndiaye, ministre de l'Éducation nationale avant de se faire virer, en grande partie pour cette raison même, déclarait sur Radio J que CNews et Europe 1 étaient « contrôlés par un personnage manifestement très proche de l'extrême droite la plus radicale ». S'ensuivit une polémique de dénigrements et d'injures en tous genres contre le ministre. Personne en macronie n'est venu le soutenir. Pire, certains sont même allés l'enfoncer. Pourquoi ? Car ce « personnage » n'est autre que le milliardaire ultra-puissant Vincent Bolloré.

Qui est-il ? Et pourquoi tout le monde a-t-il aussi peur de lui ?

QUI EST VINCENT BOLLORÉ ? ET QUE FAISAIT-IL EN AFRIQUE ?

Vincent Bolloré est un milliardaire capitaliste français, 12e fortune de France en 2023 avec plus de 11 milliards d'euros[1]. Après des études dans le XVIe arrondissement de Paris et au lycée Janson-de-Sailly, il devient, en 1973, à seulement 23 ans, directeur-adjoint de la Compagnie financière Edmond-de-Rothschild[2].

Après diverses activités dans la finance et l'industrie, il démarre la construction de son « empire » en Afrique en rachetant des sociétés ayant fait fortune à l'époque de la colonisation (la Société Commerciale d'Affrètement et de Combustible en 1986, et la Société Anonyme de Gérance et d'Armement en 1997), ainsi qu'en profitant des privatisations imposées aux pays africains lui permettant d'obtenir les concessions d'infrastructures également issues de l'époque coloniale (comme la Société internationale de transport africain par rail en 1995 ou la compagnie ferroviaire du Cameroun en 1999)[3].

Dans le milieu des années 1980, Bolloré acquiert également des entreprises d'exploitation forestière, dont la Société industrielle des bois africains (Sibaf), afin d'alimenter le marché européen. La Sibaf fut épinglée par WWF pour son action nocive pour l'écosystème et les populations locales[4], et par Greenpeace pour ses pratiques illégales[5].

En 2008 toutes ces activités sont regroupées sous le nom de Bolloré Africa Logistics, « l*e premier réseau intégré de logistique en Afrique* »[6]. Concrètement, comme nous l'apprend *Le Monde Diplomatique*, le groupe exploite les matières premières africaines (cacao, coton...) et fait des contrats dans le domaine de la logistique pétrolière, minière et industrielle avec Total en Angola, au Cameroun et au Congo, avec Areva pour l'uranium du Niger, pour les mines d'or au Burkina Faso, etc. En 2009, il disposait sur le continent de 19 000 salariés, de 200 agences dans 43 pays et du contrôle d'installations stratégiques (ports, transports, plantations).

Les activités de Bolloré au Cameroun ont régulièrement intéressé la justice. En octobre 2020, le Parquet National Financier avait ouvert une enquête sur les conditions d'octroi d'un contrat de concession. Un juge d'instruction camerounais a enquêté pour « fabrication et suppression de preuves, faux témoignages et fausses nouvelles » commises par Camrail (la compagnie du rail camerounaise détenue par Bolloré)[7]. De son côté, toujours selon *Le Monde Diplomatique*, le Port de Douala avait accusé Douala International Terminal, une autre filiale de Bolloré, de détournements de fonds publics[8].

Bolloré semble détester que ses activités au Cameroun soient évoquées dans la presse : il avait intenté un procès contre *Mediapart* à propos d'un article intitulé « Comment le groupe Bolloré a ruiné deux entrepreneurs camerounais » mais l'a heureusement perdu en octobre 2022.

De ce point de vue, Bolloré est l'une des incarnations les plus fortes de la « Françafrique », terme défini par Issa N'Diaye, philosophe et ancien ministre malien, comme « *une sorte de tutelle qui ne dit pas son nom et qui consiste à faire prévaloir les intérêts de la France, les intérêts des entreprises françaises, des multinationales françaises sur celui des populations africaines* », c'est-à-dire une persistance de structures et de politiques héritées de la période coloniale.

Toutefois, à la fin de l'année 2022, Bolloré a fini par céder Bolloré Africa Logistics - et donc ses terminaux portuaires africains - à son concurrent Mediterranean Shipping Company (MSC) pour la rondelette somme de 5,7 milliards d'euros[9]. Bolloré ne quitte pas pour autant complètement l'Afrique puisqu'il y reste présent via le Groupe Vivendi (Canal+, Havas Média et l'internet à haut débit par fibres optiques)[10].

Bolloré rachète les médias pour renforcer son influence, censurer et défendre ses intérêts

Pour maintenir son influence, Bolloré copine avec la classe politique (invitant par exemple Nicolas Sarkozy en vacances sur son yacht en 2007[11]), mais ce n'est pas suffisant. C'est pourquoi il s'est également bâti un immense empire médiatique afin de s'assurer de pouvoir contrôler l'information, favoriser les idées et les mesures qui l'arrangent, censurer ceux qui le contrarient, propulser les carrières des politiques qu'il soutient.

Concrètement aujourd'hui, Vincent Bolloré est propriétaire de Vivendi, qui détient le Groupe Canal+, c'est-à-dire les chaînes de télé Canal+, C8 et CNews. Vivendi est également propriétaire des magazines *Capital, Harvard Business Review France, National Geographic, Gala, Voici, Télé Loisirs, Femme Actuelle* (via Prisma Media). Toujours grâce à Vivendi, Vincent Bolloré est également actionnaire majoritaire de l'entreprise Lagardère qui détient le *Journal du Dimanche*, Europe 1, *Paris Match*, RFM et Virgin Radio.

Contrairement à d'autres, le contrôle de l'information par Bolloré n'a rien de subtil et s'est traduit par de nombreuses actions de censure et de coups de force idéologiques, d'ailleurs dénoncés par Reporters Sans Frontières.

TOUCHE PAS A MON BOSS

La mise au pas de Canal+ : Bolloré détruit toutes les émissions généralement considérées comme « de gauche »

En 2015, à peine arrivé à la tête de Canal+, Vincent Bolloré décide de s'attaquer à un programme culte de la chaîne, *Les Guignols de l'Info* (qui finira par s'arrêter complètement en 2018)[12]. Comme le dévoilera *Mediapart*, Vincent Bolloré censurera aussi d'un simple coup de téléphone un documentaire consacré à la fraude fiscale et au Crédit Mutuel (Bolloré et le Crédit Mutuel ayant beaucoup d'intérêts communs)[13]. Puis, ce sera au tour de l'émission *Le Zapping* de disparaître, et à son créateur d'être licencié après que le programme ait repris des extraits d'une émission *Complément d'enquête* (France 2) consacrée à Bolloré[14].

Sous son impulsion, Studiocanal (la partie cinéma) a co-produit avec le Puy du Fou de Nicolas de Villiers (fils de Philippe), un film de propagande d'extrême droite, nanardesque au possible, *Vaincre ou Mourir* (2023), qui suit les royalistes catholiques s'affrontant aux républicains en Vendée lors des évènements révolutionnaires de 1793. Canal+ a couvert un tiers du budget du film, là où elle n'apporte habituellement que 16 %[15].

CNews : Bolloré soutient Morandini accusé de « corruption de mineurs », impose sa ligne de catholique d'extrême droite et donne un tremplin à Zemmour

À CNews, Bolloré a également donné le ton. Alors que le présentateur Jean-Marc Morandini est visé par des enquêtes pour « corruption de mineurs aggravée » et pour « harcèlement sexuel et travail clandestin », en août 2016, le Groupe Canal+ annonce fièrement son arrivée sur ITélé (l'ancien nom de CNews)[16]. Cette nouvelle déclenche chez le personnel d'ITélé la plus grande grève jamais enregistrée en France dans un média audiovisuel privé, qui voit dans cette arrivée le symptôme d'une gestion de plus en plus autoritaire et erratique du média, avec plus d'un mois de grève[17]. La direction refuse de plier, si bien que les trois quarts de la rédaction décident de démissionner (94 journalistes sur 120)[18]. Morandini sera tout de même maintenu, et continue encore aujourd'hui d'officier quotidiennement sur la chaîne avec le *Morandini Live*. En décembre 2022, il est effectivement condamné à un an de prison avec sursis pour « corruption de mineurs » à l'âge de 57 ans, sans aucun impact sur sa carrière[19].

En 2014, dans un journal italien, à la question de savoir s'il suggérait de déporter par avions et bateaux les cinq millions de musulmans français,

Eric Zemmour avait répondu : « *C'est irréaliste mais l'histoire est surprenante* ». À la suite de cela, le chroniqueur d'extrême droite avait perdu sa place dans de nombreuses émissions, y compris dans *Ça se dispute* sur ITélé (pas encore contrôlée par Bolloré). Mais en 2019, Vincent Bolloré décide de redonner de l'audience à Zemmour afin de lui permettre de déverser son idéologie : ce dernier rejoint l'émission *Face à l'Info* animée par Christine Kelly, ce qui lui permettra de regagner en notoriété jusqu'à l'annonce de sa candidature à l'élection présidentielle en 2021.

Christine Kelly, protestante évangéliste, est d'ailleurs l'une des manifestations de la ligne chrétienne intégriste que Bolloré tente de donner à sa chaîne en lien avec ses propres convictions catholiques traditionalistes. Cette tendance est également visible avec des émissions ayant pour thèmes des intitulés comme « Combat contre le mal : qui est l'Antéchrist ? », « Anges et démons : le vrai combat ? » ou encore « Une guerre civile au Paradis ? », présentées exactement de la même manière que les émissions d'information.

L'arrivée de Bolloré à CNews est également marquée par le début d'une autre émission paillasson de la bourgeoisie d'extrême droite, *L'Heure des Pros*, animée par le journaliste sportif Pascal Praud, avec des invités et chroniqueurs essentiellement de droite dure ou d'extrême droite comme Ivan Rioufol, Elisabeth Lévy, Charlotte d'Ornellas, Jean Messiha, Eugenie Bastié, Gilles-William Goldnadel ou Paul Melun. *L'Heure des Pros* sera parodiée par les comédiens de l'ancienne équipe d'*Action Discrète*, (autre émission culte disparue de Canal+), dont Sébastien Thoen. Ce dernier est licencié de Canal+ quelques jours après. Stéphane Guy, commentateur phare du foot et employé de la chaîne depuis 23 ans, saluera amicalement Thoen. Il apprendra lui aussi son licenciement pour « déloyauté ».

RADIOS, MAISONS D'ÉDITION, PRESSE… LE POUVOIR DE BOLLORÉ NE SE LIMITE PAS À LA TÉLÉ

La censure Bolloré ne touche pas que les chaînes de télé, mais aussi la presse et la radio : on retrouve les mêmes phénomènes à Europe 1 avec l'imposition au service politique de Louis de Raguenel, un journaliste issu de *Valeurs Actuelles*[20], magazine condamné pour injure raciste.

Il n'y a pas qu'à Europe 1 que Bolloré a voulu imposer un journaliste issu du magazine d'extrême droite. Il a fait de même au *Journal du Dimanche* en y plaçant Geoffroy Lejeune pour de pures raisons politiques, au moment où ce dernier venait de se faire virer pour sa ligne trop proche d'Eric Zemmour et ses résultats économiques médiocres[21]. Il souhaiterait également y caser Charlotte d'Ornellas, autre « journaliste » de *Valeurs*[22]. De manière assez surprenante, les journalistes du *JDD* qui acceptaient depuis des années de servir la soupe au pouvoir macroniste, et sur une ligne très réac-compatible, ont vivement réagi en entamant une grève extrêmement suivie d'une quarantaine de jours, empêchant sa parution en kiosque ! La société des journalistes du *JDD* rappelait à propos de Geoffroy Lejeune que « *sous sa direction, Valeurs Actuelles a propagé des attaques haineuses et des fausses informations. C'est encore sous sa responsabilité qu'a été publié un article ayant valu à son auteur et au directeur de la publication une condamnation pour injure publique à caractère raciste envers Danielle Obono* ». C'est Bolloré qui aura finalement une nouvelle victoire avec l'arrêt de la grève (historique toutefois) de la rédaction.

Deux ans avant, en mai 2021, Bolloré avait également racheté le groupe de presse Prisma Média qui contient des titres comme *Télé-Loisirs, Femme Actuelle, Capital*… Les conditions de travail des salariés s'en étaient vues nettement dégradées, entraînant en six mois le départ d'une soixantaine de pigistes et de journalistes.

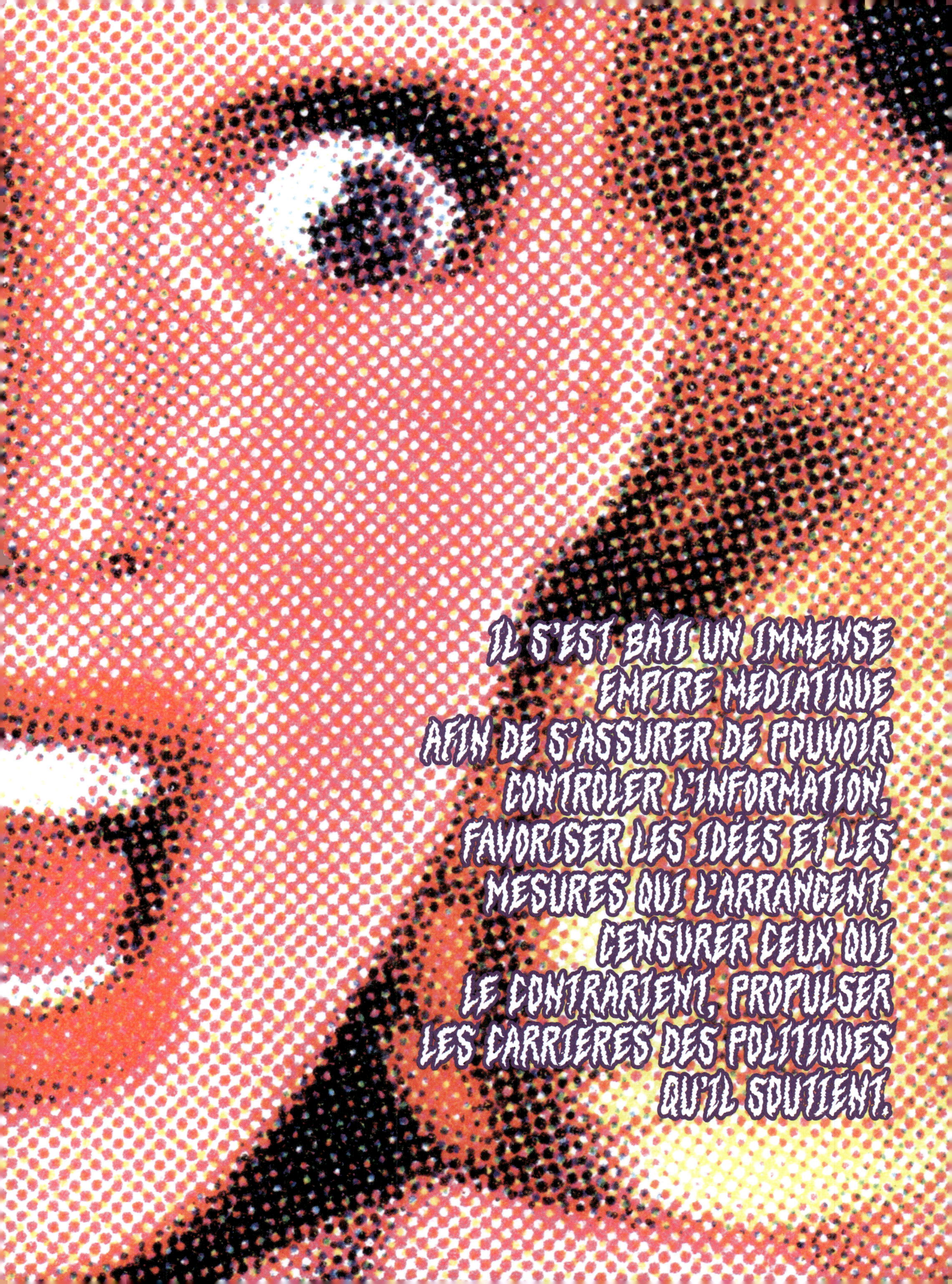

IL S'EST BÂTI UN IMMENSE
EMPIRE MÉDIATIQUE
AFIN DE S'ASSURER DE POUVOIR
CONTRÔLER L'INFORMATION,
FAVORISER LES IDÉES ET LES
MESURES QUI L'ARRANGENT,
CENSURER CEUX QUI
LE CONTRARIENT, PROPULSER
LES CARRIÈRES DES POLITIQUES
QU'IL SOUTIENT.

Même chose du côté de *Paris Match*, où Bruno Jeudy, rédacteur en chef politique et économique, est licencié au cours de l'année 2022 après avoir critiqué les ingérences dans la ligne éditoriale et l'imposition de sujets consacrés à des figures d'extrême droite. 25 journalistes quittent alors l'hebdomadaire[23].

Bolloré agit aussi dans l'édition avec la suspension d'un livre co-écrit par Guillaume Meurice qui contenait quelques blagues sur le milliardaire (celui-ci étant également propriétaire de la maison d'édition)[24].

Il a également mis la main sur Hachette Livre, en première position pour l'édition scolaire, ce qui va lui permettre de contrôler environ 40 % du marché des manuels scolaires, ce qui n'est pas sans susciter quelques craintes (malgré les réglementations qui encadrent l'édition des manuels)[25].

POURQUOI BOLLORÉ EST MOINS MACRONISTE QUE LA MOYENNE DES MILLIARDAIRES ET PENCHE PLUTÔT POUR L'EXTRÊME DROITE ?

On le voit, l'influence médiatique de Bolloré n'est pas anecdotique mais absolument centrale dans la promotion des idées d'extrême droite et dans la protection des intérêts du capital.

De ce point de vue Bolloré incarne et défend les intérêts et les idées d'une fraction particulière des capitalistes : celles de la haute bourgeoisie catholique, industrielle et coloniale.

Si les médias cités au-dessus sont parfois critiques du macronisme, c'est donc toujours par sa droite – car il est vrai que parmi les milliardaires français, qui sont plutôt de fervents soutiens de Macron, Bolloré fait partie des moins enthousiastes.

Cela s'explique à la fois par les convictions d'extrême droite de Bolloré mais surtout par des rivalités internes aux capitalistes. Dans *L'Emprise*, le journaliste d'investigation Marc Endeweld explique la rancune de Bolloré vis-à-vis de Macron par le fait que celui-ci ne le soutiendrait que mollement dans ses entreprises néocoloniales en Afrique, la politique du gouvernement favorisant plutôt le groupe MSC (Alexis Kohler, Secrétaire général de l'Elysée, fait partie de la famille Apone qui détient MSC).

Macron n'hésite donc pas à faire des petites crasses à l'un des seuls milliardaires qui lui cause parfois du tort. En juin 2023, alors qu'il rendait visite à la présidente du conseil italien, la néofasciste Giorgia Meloni, Macron lui a dit qu'elle pouvait faire comme bon lui semble concernant TelecomItalia dont Bolloré est actionnaire - ce qui n'est pas du tout dans l'intérêt du dernier et ce qui a bien surpris la cheffe du gouvernement italien[26].

Ce que le portrait du milliardaire Bolloré permet de constater, c'est que derrière d'apparentes rivalités politiques – l'extrême droite de Bolloré face à la droite extrême de Macron – se dissimulent souvent des conflits entre des fractions de la bourgeoisie. Il permet aussi de voir comment les capitalistes construisent un empire médiatique permettant au mensonge de se répandre et à la liberté d'expression et de la presse de n'être plus qu'une farce. Il met aussi en évidence que malgré la décolonisation, les profits des capitalistes reposent toujours en grande partie sur l'exploitation et la misère de l'Afrique et d'autres régions du monde dont la souveraineté n'est qu'illusoire. ▪

Mise à jour de l'article « Pourquoi Hanouna a-t-il pété un câble contre Louis Boyard ? » du 11 novembre 2022

1 « Quelles sont les plus grosses fortunes bretonnes en 2023 ? », *Le Télégramme*, le 8 juillet 2023

2 « Les huits mois d'assaut de Vincent Bolloré contre l'empire Bouygues », Martine Orange, *Le Monde*, le 11 août 1998

3 « Les guerres africaines de Vincent Bolloré », Thomas Deltombe, *Le Monde Diplomatique*, avril 2009

4 « Cameroon forests at the turning point », WWF, le 27 août 1999

5 « Illegal logging in Cameroon », Filip Verbelen, Greenpeace, mars 2000

6 « Bolloré Africa Logisitcs : le 1er réseau de logistique intégrée en Afrique », Relationpresse.com

7 « Fin de partie pour Bolloré en Afrique ? », Fanny Pigeaud, *Le Monde Diplomatique*, décembre 2021

8 « Au Cameroun, Bolloré en disgrâce », Fanny Pigeaud, *Le Monde Diplomatique*, janvier 2021

9 « Bolloré-MSC, les coulisses du "deal de l'année" », Olivier Caslin, *Jeune Afrique*, le 15 mars 2023

10 « Malgré la cession à MSC, Bolloré "ne quitte pas l'Afrique", assure un dirigeant », *Le Figaro*, le 15 juin 2023

11 « La croisière de Nicolas Sarkozy à bord d'un yacht luxueux suscite de vives critiques à gauche », *Le Monde*, le 9 mai 2007.

12 « Les Guignols de l'Info dans le viseur de Bolloré », *Le Figaro*, le 1er juillet 2015

13 « A Canal+, Vincent Bolloré censure un documentaire sur le Crédit Mutuel », Médiapart, le 29 juillet 2015

14 « Licenciement du créateur du « Zapping » : El Khomry donne tort à Canal+ », *Le Monde*, le 10 mai 2017

15 « "Vaincre ou Mourir", le chouan du partisan Bolloré », Raphaël Garrigos et Isabelle Robert, Les Jours, le 1er février 2023

16 « Affaire Morandini : ouverture de deux enquêtes visant l'animateur », *Le Point*, le 10 août 2016

17 « Les salariés d'i-Télé votent la fin d'un conflit historique », Alexandre Delcambre et Alexandre Picard, *Le Monde*, le 16 novembre 2016

18 « i-Télé : la rédaction trop réduite pour assurer le direct pendant les fêtes », *Le Monde*, le 23 décembre 2016

19 « Jean-Marc Morandini condamné à un an de prison avec sursis pour "corruption de mineurs" », Victor Tribot Laspière, France Bleu, le 5 décembre 2022.

20 « Vivendi devient le premier actionnaire du groupe Lagardère », Fabienne Schmitt, *Les Echos*, le 15 juillet 2020

21 « Grève au JDD : comment expliquer la timidité de la Macronie face à l'appétit médiatique de Bolloré », Romain Herreros, *Huffington Post*, le 15 juillet 2023

22 « Le passage de Geoffroy Lejeune de *Valeurs Actuelles* au *JDD* fait bondir la gauche », Jade Toussay, Huffington Post, le 22 juin 2023

23 « Canal+, i-Télé, *"Paris Match"*... Avant le *"JDD"*, la mainmise de Bolloré sur d'autres médias a braqué de nombreuses rédactions », France Info, le 25 juin 2023

24 « Le chroniqueur Guillaume Meurice voit la publication de son livre suspendue par le groupe Editis », Ariane Chemin, *Le Monde*, le 13 septembre 2022

25 « Vincent Bolloré a-t-il pu légalement acquérir "74 % du marché des manuels scolaires" ? », Elsa de la Roche Saint-André, *Libération*, le lundi 17 juillet 2023

26 « Union sacrée des politiques, pertes collossales : Bolloré bientôt chassé des télécoms en Italie ? », Emmanuel Schwartzenberg, *Marianne*, le 23 juin 2023.

S'OPPOSER À LA CHASSE ET À LA CORRIDA,

UN TRUC DE BOURGEOIS DES VILLES ?

Par Antoine Glorieux et Rob Grams

Pour le philosophe Jean-Claude Michéa, qui vit à la campagne, l'opposition à la chasse et à la corrida serait le fait des habitants des métropoles qui auraient une "vision Walt Disney" des animaux, c'est-à-dire niaise et idéalisée.

Mais la réalité est plus complexe car le niveau d'opposition à la chasse chez les habitants en milieu rural est très proche de celui des habitants en milieu urbain.

(Source : IPSOS)

Habitant·e·s en milieu rural

Habitant·e·s en milieu urbain

D'ailleurs 70% des chasseurs sont en fait urbains, et seulement 4% d'entre eux sont agriculteurs.

Il faut dire que les ruraux subissent les effets de la chasse : peur en promenade, animaux de compagnie tués et ... des accidents mortels contre les humains.

En 2020, Morgan Keene, 25 ans, est tué dans son jardin par un chasseur qui dit l'avoir pris pour un sanglier.

Le chasseur ne sera condamné qu'à du sursis et à un retrait temporaire du permis de chasse...

Pour certains, l'opposition à la chasse fait partie d'un projet de destruction des traditions pour faciliter l'implantation du capitalisme. Pourtant les promoteurs du marché libre, les macronistes en tête, sont des défenseurs acharnés de la chasse. Macron lui même est un aficionado de la chasse à courre.

Loin de s'opposer à la logique dominante du marché, la chasse est d'ailleurs devenue un véritable business. Gibovendée, leader européen dans le domaine des élevages de gibiers pour chasse, parque par exemple perdrix et faisans dans des milliers de cages sur des centaines de mètres. Ils sont ensuite lâchés quelques jours ou heures avant la chasse.

Le gouvernement est aussi opposé à l'interdiction de la corrida, pour lui "une tradition ancestrale qui participe à l'identité de certains territoires". Pourtant 74 % des français sont favorables à cette interdiction (63 % dans les communes rurales).

Ce sont les français les plus aisés qui défendent le plus ardemment la corrida. Ceux qui gagnent 5000 euros mensuels sont 49% à y être favorables.

La lutte contre la souffrance animale est un combat qui nous concerne toutes et tous, les classes populaires et les ruraux, y sont aussi sensibles que les autres (si ce n'est plus)...

adapté de l'article 'S'opposer à la chasse et à la corrida, est-ce un truc de bourgeois citadin ?' du 27 novembre 2022

Sources : IPSOS, LPO, Fondation Sommer

PATRIARCAT, LUTTE DES CLASSES ET SOUFFRANCE ANIMALE : ENTRETIEN AVEC LA ROMANCIÈRE ADELINE DIEUDONNÉ

Rares sont les écrivains aujourd'hui dont l'œuvre est traversée par les questions de dominations envers les femmes, les enfants, les animaux, etc. Encore plus rares sont ceux qui osent dire le milieu favorisé d'où ils viennent, la déconnexion qu'il crée, et qui tentent malgré tout de ne pas avoir un regard bourgeois sur le monde. C'est le cas d'Adeline Dieudonné, autrice belge notamment du roman *La Vraie Vie*, traduit en vingt langues, et multiprimé. Il nous a paru évident de lui consacrer l'entretien de ce numéro annuel.

PROPOS RECUEILLIS PAR GUILLAUME ETIÉVANT ET NICOLAS FRAMONT

FRUSTRATION : On a le sentiment que tu abordes des formes de domination et de violence rarement traitées en littérature, notamment la violence des adultes envers les enfants et les animaux. Pourquoi il te semble particulièrement nécessaire de traiter de ces sujets ?

ADELINE DIEUDONNÉ : En réalité, je n'ai pas choisi de traiter tel ou tel sujet. Pour *La Vraie Vie*, mon premier roman, j'ai d'abord eu l'idée des personnages de départ et du drame initial et j'ai eu envie de suivre cette histoire. Je ne me suis pas posée une seule fois la question d'un propos politique. C'est quand mon éditrice s'est mise à rédiger l'argumentaire pour les libraires qu'est arrivé ce terme de violence domestique. Je n'avais absolument pas conscience que le livre traitait de ce sujet, tellement j'avais le nez dans le guidon avec les personnages et la narration. Cela dit, c'est vrai que la violence envers les animaux et les enfants est évidente dans *La Vraie Vie*. C'est une violence courante de la part des pères maltraitants de s'attaquer aux animaux pour punir les enfants. Dans *Kerozene* (ndlr : son deuxième livre), il y a différentes formes de violences, car la violence est toujours multiple. Par exemple, l'élevage industriel et le système des abattoirs constituent une violence vis-à-vis des animaux bien sûr, mais également des humains qui travaillent dans des conditions abominables. Les ouvriers souffrent de maladies voire de mutilations à cause des gestes répétitifs, des cadences inhumaines, etc. Je voulais aussi montrer que la violence n'est jamais circonscrite ; elle finit toujours par s'échapper, ce que montre notamment le cheval dans *Kerozene*. C'est terrifiant d'être un cheval dans un monde d'humain : tu es transporté·e, attaché·e, tu ne maîtrises absolument pas ce qui t'arrive, tu ne sais pas ce qu'on va te faire, et on peut te laisser crever de faim dans un pré, alors que tu es un animal fort, puissant, qui pourrait tuer facilement un humain. Une fois que les animaux décident de se défendre, on n'est plus rien face à eux. J'adore les animaux et j'éprouve beaucoup d'empathie à leur égard. Pardon d'enfoncer une porte ouverte mais je pense qu'on devrait tous arrêter de manger de la viande, ou au moins limiter très largement notre consommation.

La violence envers les personnes âgées est également présente dans *Kerozene*. Le sort de cette vieille dame emportée sur un fauteuil, alors qu'elle est beaucoup plus maligne qu'elle en a l'air, est très perturbant et marquant. Pourquoi traiter de ce sujet?

Le personnage de Monica venait de *La Vraie Vie* et j'avais envie de continuer d'en parler. Cette femme qui vivait dans les bois m'intriguait ; je voulais prendre de ses nouvelles. On la retrouve donc très vieille dans *Kerozene*, elle est expropriée de son lieu de vie pour être mise dans un EHPAD. J'ai écrit ce roman en 2020, en plein Covid, une période où on laissait littéralement crever les personnes âgées. Cela vient d'une peur profonde de ma propre vieillesse, de l'infantilisation des vieux. Cette femme a autour de 90 ans, mais elle a toute sa tête, elle est tout à fait capable de se prendre en charge et aucune envie de partir dans un EHPAD. Et puis, ça m'intéressait de montrer une vieille femme badass. J'aime bien ces vieux à qui on ne la fait plus. Il y a un côté antisystème chouette chez certains vieux. Et vu que je suis une vieille dame en devenir, je me sentais autorisée à en parler.

Que veux-tu dire par là? Tu ne te sens pas autorisée à parler de toutes les formes d'oppression?

Ce qui est compliqué avec la description des oppressions, c'est de décider ce qu'on peut s'autoriser à écrire. Par exemple, je ne me permettrais jamais d'aller raconter l'histoire d'une réfugiée qui quitte des conflits armés pour traverser la Méditerranée sur un radeau. C'est tellement loin de moi que je sais que je ne serais pas pertinente sur ce sujet. Pour autant, je ne considère pas qu'il soit interdit de le faire. Il y a un dogmatisme là-dessus qui m'agace parfois. Certains auteurs peuvent raconter des choses très éloignées d'eux avec beaucoup d'habileté. Mais il ne faut pas non plus confisquer la parole des personnes réellement concernées. Dans *La Vraie Vie*, quand le personnage du père violent a émergé, je me suis demandée si je pouvais vraiment écrire cela, alors que je ne l'ai pas vécu. J'ai eu peur de plaquer des clichés et des images toutes faites. Il faut faire très attention, se renseigner, et imaginer ce que c'est d'avoir un père violent, de l'entendre rentrer du boulot, cette vigilance sur la façon dont la porte d'entrée va claquer… On est tous d'anciens enfants, donc je m'autorise à raconter ces situations. Les enfants ne peuvent pas le faire eux-mêmes à priori. La nounou philippine dans *Kerozene* a été très difficile à décrire pour moi. Mais en même temps, j'ai fréquenté ces nounous de l'autre côté, car je suis issue de la bourgeoisie, et donc je peux restituer ce qu'est la classe bourgeoise. Je comprends aussi que des écrivains se fassent aider par des *sensitivity readers* (ndlr : personne chargée d'examiner une œuvre littéraire avant publication pour vérifier que ses contenus ne sont pas porteurs de stéréotypes et offensants), mais je partage aussi la méfiance de certains vis-à-vis du risque de s'empêcher d'écrire des histoires clivantes. Si on relit *La Vraie Vie* sous ce prisme-là, ce roman ne serait jamais publié, notamment parce qu'il comprend une scène de pédocriminalité. D'un côté on a les hommes qui ont été en roue libre pendant des siècles et qui ont écrit des trucs racistes, misogynes, homophobes, classistes, la liste est longue, et on ne peut pas nier le rôle que jouent les représentations culturelles dans les systèmes d'oppression. Et d'un autre côté l'art doit rester le lieu de toutes les libertés. À nous de nous démerder avec ça.

La mère a également un rôle central dans *La Vraie Vie*, non seulement pour les violences qu'elle subit, mais aussi parce que ce personnage te permet de présenter le huis clos de la famille, l'oppression de la routine qui s'y instaure, dont elle n'arrive pas à se sortir…

Le personnage de la mère dans ce roman est sur certains points assez inspiré de ce que j'ai pu ressentir moi-même dans ma jeunesse. Cette femme démissionne à protéger ses enfants et même ses animaux, parce qu'elle sait qu'elle n'est absolument pas en mesure de lutter contre la violence écrasante qu'elle subit. Cela parle beaucoup de moi et du système patriarcal dans lequel j'ai grandi, dans une famille très éloignée du féminisme. Je ressentais une espèce d'empêchement, j'ai aussi démissionné d'emblée sur plein de choses, sans même le réaliser. Une fois qu'on en prend conscience, on réalise à quel point c'est dingue le nombre de choses sur lesquelles on ne se sent pas légitime. L'écriture en fait partie. Il a fallu qu'un homme écrivain, bien installé dans le milieu littéraire (ndlr : Thomas Gunzig), me dise : tu devrais écrire un roman. D'une certaine manière, il m'a donné l'autorisation, sinon je ne l'aurais pas fait.

Venons-en justement à la dimension féministe de ton œuvre. Tu développes dans *Reste*, ton troisième roman, une héroïne qui pose des actes de liberté, mais dont l'apparence physique lui importe, et qui est définie en partie par ses relations avec les hommes ; c'est d'ailleurs son amant qui lui apporte la paix et la stabilité. Nous considérons que ton roman est tout de même pleinement féministe, car il part de la réalité vécue de cette femme, sans l'idéaliser. Ton roman peut ainsi potentiellement convaincre beaucoup mieux qu'un traité politique. Qu'en penses-tu?

Est-ce que mes livres ont valeur de féminisme, ce n'est pas à moi d'en juger. J'étais un peu tétanisée d'écrire cette histoire de cette manière : j'avais peur de la réaction des féministes, dont je partage les combats. J'étais rassurée d'avoir mes éditrices Sophie de Sivry et Titiou Lecoq à mes côtés, car je pensais que mon livre ne ferait pas l'unanimité dans les milieux militants. Je n'ai d'ailleurs volontairement pas cité dans les remerciements Victoire Tuaillon et Mona Chollet, dont les écrits m'ont beaucoup influencée, pour ne pas les agacer ou risquer de les inclure dans quelque chose qui ne leur conviendrait pas. Finalement, aucune féministe n'a parlé de mon livre, ni en bien ni en mal. De mon côté, je pense que ce n'est pas le rôle de la littérature de mettre en avant des héroïnes parfaites. J'aurais du mal à construire un personnage qui s'émancipe complètement du patriarcat, car je suis ce que je suis, avec mes limites et, oui, ma vie a été définie par les hommes, même si j'essaye de m'en affranchir. Le rapport aux hommes a déterminé mes conditions matérielles d'existence, comme ce fut le cas dans ma famille.

J'AURAIS DU MAL À CONSTRUIRE UN PERSONNAGE QUI S'ÉMANCIPE COMPLÈTEMENT DU PATRIARCAT, CAR JE SUIS CE QUE JE SUIS, AVEC MES LIMITES ET, OUI, MA VIE A ÉTÉ DÉFINIE PAR LES HOMMES, MÊME SI J'ESSAYE DE M'EN AFFRANCHIR.

Traiter ce sujet de cette manière te permet aussi de convaincre largement au-delà des milieux politisés…

En effet, j'ai un lectorat très divers politiquement et c'est une force. Et je pense aussi à ceux qui lisent deux romans par an, et qui peuvent trouver révolutionnaire ce que j'écris. En écrivant *Reste,* j'ai essayé de lutter contre trois tendances : la tendance féministe qui peut parfois refuser de raconter l'influence des hommes sur la vie, la tendance bourgeoise qui refuse de parler d'argent, en considérant par exemple que c'est vulgaire de raconter comment réussir à payer son loyer (je dois lutter contre mon éducation bourgeoise sur ce point) et la tendance patriarcale qui refuse de parler du travail quotidien pour élever les enfants. Dans mon livre, j'évoque les couches sales, les biberons, l'allaitement, l'épuisement, tous ces sujets qu'on voit très peu en littérature. Proust n'allait pas nous parler de ses crevasses mammaires… Je pensais ces sujets interdits en littérature, alors qu'au contraire, il est important de parler concrètement de ce que c'est d'être une meuf et une mère. Si on n'en témoigne pas, c'est invisibilisé, et on travaille gratuitement pour le patriarcat et le capitalisme.

Peux-tu nous en dire plus sur cette éducation bourgeoise que tu as reçue ? C'est quoi, pour toi, une éducation bourgeoise ?

J'ai vécu de façon très confortable dans une famille qui avait beaucoup d'argent : on avait carrément des écuries chez nous. Mon éducation était bourgeoise de droite. Chez nous, la politique ne se pensait pas. Ma famille était très orientée politiquement, mais de manière assez inconsciente. Jusqu'à mes 18 ans, je pensais sincèrement que s'il y avait des pauvres et des riches, c'est parce que les riches étaient méritants et que les pauvres étaient moins malins et moins travailleurs. Chez nous, on ne parlait jamais de politique, ça n'était pas un sujet, car nous avions gagné. Ma conscience politique s'est développée quand je me suis amourachée d'un homme très à gauche, qui m'a ouvert les yeux sur mon milieu et mon éducation. J'ai eu honte longtemps d'avoir grandi sur un poney et un quad. Maintenant, j'ose le dire, car ce n'est plus un complexe. J'enrage du retard que j'ai pris, car je vois plein de gens qui ont eu une éducation de gauche depuis la petite enfance, mais en même temps je suis bien positionnée pour parler de la bourgeoisie.

Du coup, vas-tu décrire la bourgeoisie dans tes prochaines œuvres?

Ma première pièce *Bonobo Moussaka* évoquait déjà un dîner de Noël dans un milieu bourgeois, mais après je n'en ai plus parlé dans mes romans, sauf un peu dans *La Vraie Vie*. Aujourd'hui, j'ai vraiment envie de revenir à la description de ce monde, dont je peux parler sans le caricaturer. Je voudrais en particulier montrer son inculture, son manque de conscience politique, qui est un luxe qu'on peut s'offrir quand on n'a pas besoin de se battre pour vivre. Bien sûr, il existe aussi une bourgeoisie très cultivée, mais celle d'où je viens lit très peu, ne va jamais au musée. Pourquoi s'intéresser à l'Histoire si notre position sociale nous convient ? De mon côté, je me suis plongée dans l'Histoire, car il faut connaître les luttes passées pour s'en inspirer aujourd'hui.

Peux-tu nous décrire un peu la bourgeoisie belge? La vision qu'on en a en France est souvent limitée à des exilés fiscaux français et des hauts fonctionnaires à la Commission européenne. La Belgique a pourtant bien sa propre bourgeoisie, qui s'est développée notamment grâce à son industrie et à la colonisation non?

J'ai grandi à Lasne qui est la commune la plus riche de Wallonie, et qui est située juste à côté de Waterloo, dont je voyais le Lion depuis la fenêtre de ma chambre quand j'étais petite. Je n'ai pas une conscience parfaite de qui y vit : assez peu de bourgeoisie traditionnelle, bien que j'ai été scolarisée dans des écoles catholiques. Ce sont plutôt des professions libérales, des gens qui sont bourgeois parce qu'ils ont hérité : les familles qui ont fait fortune dans la bière, par exemple. Ils roulaient déjà en 4x4, l'équivalent des SUV d'aujourd'hui, dans les années 1980. Aujourd'hui, ils adorent Macron, pour son côté séduisant, faussement moderne, qui

AUJOURD'HUI, ILS ADORENT MACRON, POUR SON CÔTÉ SÉDUISANT, FAUSSEMENT MODERNE, QUI PARLE D'ENTREPRENEURIAT PLUTÔT QUE DE PATRONS, parle d'entrepreneuriat plutôt que de patrons, qui casse les codes et qui leur donne l'impression qu'il fait le boulot sur l'écologie, ce qui n'est bien sûr pas du tout le cas. Concernant le passé colonial, on n'en parlait jamais à l'école en tant qu'oppression. Léopold II était présenté comme un héros (l'administration du Congo par Léopold II a été caractérisée par des tortures, des amputations et d'innombrables meurtres y compris de femmes et d'enfants, quand ils n'arrivaient pas à atteindre les quotas de production ndlr). Quand j'étais gamine, je n'ai jamais fait le lien entre immigration et colonisation. À Lasne, on ne croise aucun noir ou arabe. Ceux qui subissaient le racisme pendant ma jeunesse, j'avais l'impression que c'était davantage les familles d'immigrés italiens venus travailler dans les mines.

QUI CASSE LES CODES ET QUI LEUR DONNE L'IMPRESSION QU'IL FAIT LE BOULOT SUR L'ÉCOLOGIE, CE QUI N'EST BIEN SÛR PAS DU TOUT LE CAS.

Comme autrice connue, quelle place tu as l'impression d'avoir dans la lutte de classes et les rapports de classe en général ?

Pour le moment, aucune. Il y a des éléments politiques dans mes romans, mais, étant issue de la bourgeoisie, je ne me sentais jusqu'à présent pas légitime à en parler. C'est en train de changer, je pense aujourd'hui que c'est au contraire important que des bourgeois écrivent en étant conscients de l'endroit duquel ils le font. D'ailleurs, l'article de *Frustration* sur le bourgeois *gaze*, que j'ai adoré, m'a aidée à prendre conscience que le problème n'est pas d'être une bourgeoise qui émet des productions culturelles, le problème, c'est de le faire sans se situer soi-même et ses personnages socialement. Il y a un bourgeois *gaze* aussi en littérature. J'ai lu récemment un roman d'un auteur au demeurant sympathique, qui raconte une nuit où deux personnes vont tomber amoureuses. Évidemment, ça se passe à Saint-Germain-des-Prés, ils se prennent une nuit d'hôtel à 500 euros (ce qui est précisé dans le roman), ils y restent un quart d'heure, prennent des taxis, mangent dans un restaurant chic, etc. J'ai fait le calcul : leur nuit au total coûte au moins 800 euros. C'est écrit comme si c'était normal, habituel, pas comme quelque chose d'exceptionnel. C'est violent à lire en réalité, mais dans mon milieu bourgeois, on lit ça comme une histoire normale.

Quand tu as intégré le petit milieu des écrivains, avec ton premier roman qui a été un grand succès, est-ce que tu as eu le sentiment de faire désormais partie d'une nouvelle classe sociale ?

Oui, bien sûr. J'ai beau être issue de la bourgeoisie, j'ai eu l'impression d'intégrer une forme d'élite intellectuelle, même si le terme est plus que discutable. Je me sentais la prolétaire de service. Je débarquais avec un petit roman, écrit sans ambition. Quand mon éditrice m'a annoncé qu'elle l'envoyait pour les prix littéraires, je n'y croyais pas. Je trouvais ça d'une prétention folle et pourtant j'ai fini sur la liste du Goncourt. J'ai eu l'impression d'entrer en loucedé dans ce cercle des écrivains. J'ai eu le syndrome de l'imposteur, car je n'ai jamais fait d'études de lettres, je n'ai même pas fait d'études tout court. J'ai dû tout apprendre ; il y a plein de codes à intégrer. Qui sont les auteurs, qui a écrit quoi, qui sont les journalistes… Je n'en ai d'ailleurs encore qu'une connaissance très partielle. Je me suis fait beaucoup d'amis dans ce milieu, je me rends souvent dans les salons littéraires ; c'est l'occasion de rencontrer les lecteurices, de faire la fête et de discuter du métier avec les collègues. Je ne soupçonnais

LE PROBLÈME N'EST PAS D'ÊTRE UNE BOURGEOISE QUI ÉMET DES PRODUCTIONS CULTURELLES, LE PROBLÈME, C'EST DE LE FAIRE SANS SE SITUER SOI-MÊME ET SES PERSONNAGES SOCIALEMENT. IL Y A UN BOURGEOIS GAZE AUSSI EN LITTÉRATURE.

pas toutes les relations qui existent entre les écrivains, les éditeurs et les libraires. Pour moi, la librairie était une boutique comme une autre. En réalité, à l'heure du tout numérique, le milieu du livre est resté très humain, tout le monde se connaît par son prénom. Je l'ai en particulier constaté avec beaucoup d'émotion quand mon éditrice Sophie de Sivry est décédée en mai dernier et que j'ai vu les larmes des libraires que je croisais, étant en pleine tournée pour *Reste*. Le milieu du livre est une véritable famille, j'angélise sans doute un peu mais c'est comme ça que je le vis. Et ça ne pourrait pas fonctionner autrement, d'où l'absolue nécessité et l'urgence de désarmer Amazon, qui détruit tout cela.

Ton métier d'écrivaine t'amène à venir régulièrement en France. Est-ce que quand tu t'y rends, tu as l'impression d'être dans un pays autoritaire ou, comme nous, cette réalité est trop terrible pour que tu la réalises sur le moment ?

La Belgique devient aussi un pays libéral-autoritaire : c'est-à-dire un autoritarisme au service du pouvoir libéral. Mais chez nous, il y a de véritables différences entre les régions (la Flandre, la Wallonie et Bruxelles). En Wallonie, l'extrême droite ne prend pas électoralement alors qu'en Flandre des partis nazis comme le Vlaams Belang prospèrent, c'est compliqué à analyser ici mais on peut l'attribuer en partie à l'existence du cordon sanitaire au sud du pays, les partis traditionnels ne font pas de coalition avec l'extrême droite et les médias ne leur donnent jamais la parole en direct. On l'a vu récemment quand Paul Magnette, le bourgmestre de Charleroi, a refusé de répondre à CNews en leur expliquant qu'ils sont un média d'extrême-droite. L'autre différence importante avec la France concerne le comportement des flics. La police belge est aussi structurellement raciste et commet de nombreuses violences, mais les militants politiques ont moins à craindre d'elle que chez vous, où même à moi, bourgeoise blanche, elle fait peur. Si j'étais racisée je serais terrifiée à l'idée de sortir de chez moi. Les policiers français ont une attitude systématiquement intimidante, ce qui est moins le cas en Belgique. On se fait beaucoup moins casser la gueule lors des manifestations en Belgique. Il y a toutefois une contagion, et la Belgique suit peu à peu la France. La police belge, qui a souvent des comportements inacceptables, va devenir encore pire en évoluant comme la vôtre. Et cela ne choquera malheureusement pas grand monde. Il y a une vingtaine d'années, une jeune demandeuse d'asile nigériane, Semira Adamu, est morte étouffée par la police belge avec un oreiller lors de son expulsion. Cela avait fait un tollé, ce ne serait certainement plus le cas aujourd'hui. ▪

2 COMMENT S'ORGANISER ?

APRÈS L'ÉCHEC DU MOUVEMENT DES RETRAITES

Face à la réforme des retraites de 2023, la mobilisation fut massive : ces trente dernières années, il n'y avait jamais eu autant de monde dans la rue, avec un soutien large d'une majorité de Français. Les manifestations ont été accompagnées de grèves très importantes dans les transports, dans les raffineries, dans les universités, dans les ports, chez les éboueurs, dans les supermarchés, dans l'Éducation nationale, etc. D'innombrables routes, ronds-points, plateformes logistiques et péages ont été envahis par des centaines de manifestants. Pourtant, aucune revendication des syndicats n'a été finalement prise en compte dans la loi définitivement promulguée en avril 2023. Alors, comment en est-on arrivé là ? Pourquoi les modes d'action qui pouvaient fonctionner jusqu'à la fin du siècle dernier échouent désormais systématiquement ? Et aujourd'hui que faire des syndicats ? En s'inspirant des dynamiques et des modes d'action des Gilets jaunes, le syndicalisme pourrait retrouver son ambition première de transformation radicale de la société.

QUE FAIRE DES SYNDICATS ?

PAR GUILLAUME ETIÉVANT

Tout ça pour ça. Cette débauche incroyable d'énergie, ces sacrifices financiers considérables n'auront servi à rien face à la volonté de réforme du gouvernement. Pire, de nombreux manifestants, qui s'étaient mis pour la première fois en mouvement, ne le referont peut-être jamais. Pourtant, des stratégies semblables à celle mise en œuvre par les syndicats face à la réforme des retraites cette année ont pu fonctionner par le passé. Par exemple, en 1995, avec beaucoup moins de manifestants dans les rues (un pic à deux millions, contre trois millions en 2023), le Premier ministre Alain Juppé a reculé rapidement sur sa réforme, qui visait en particulier les retraites du secteur public, au bout de trois semaines de mouvement. L'une des grandes différences avec ce qui s'est passé cette année, c'est que le pays était vraiment mis à l'arrêt. Plus aucun train ni transport en commun ne circulait. Ces blocages ont donc eu, par leur ampleur, et par le fait que le télétravail n'existait quasiment pas, un impact économique très important.

L'autre différence fondamentale, c'est qu'à l'époque les gouvernements surveillaient leur popularité et craignaient un mécontentement général et durable de la population. En 1995, c'est Alain Juppé qui est visé par les manifestations et non Jacques Chirac. Il sait que si la situation continue à se tendre dans le pays, il risque sa place. Aujourd'hui, la Première ministre est inexistante et quasi inconnue du grand public, qui sait bien qu'Emmanuel Macron est le seul responsable des réformes et que c'est lui qu'il faut cibler. Mais il est inamovible. Il ne risque fondamentalement rien lui-même à avoir une grande partie de la population qui le hait. Le seul risque est de perdre les prochaines élections présidentielles, mais lui et ses proches qui pourraient gouverner à sa suite savent bien que l'impopularité pendant le mandat n'empêche aucunement aujourd'hui d'être réélu. Contrairement aux années 1990, la droite n'a pas peur d'un regain de popularité de la gauche, ou inversement, car l'accès au pouvoir n'est désormais dû qu'à un jeu tactique pour se retrouver face au Rassemblement national au deuxième tour.

Les gouvernements d'aujourd'hui n'en ont donc que faire des manifestations traditionnelles, car celles-ci ne créent plus aucune zone de risque pour eux. Il pourrait y avoir cinq millions de personnes à défiler de la place de la République à la place de la Nation en passant par la place de la Bastille, cela ne changerait sans doute malheureusement rien. Comme l'écrit Frédéric Lordon, « *les stratégies de la décence démocratique, par la seule manifestation paisible du nombre, échouent là où, en face, il n'y a plus que de l'indécence démocratique.* » Il est pour autant important de manifester, pour se retrouver, se sentir fort ensemble, se compter, éprouver l'importance d'un sentiment collectif. Mais cela ne peut plus avoir d'efficacité sur le pouvoir, qui ne se préoccupe plus de sa popularité réelle. Le seul moyen pour une manifestation de créer une zone de risque pour le pouvoir, ce n'est donc pas fondamentalement en étant nombreux sur des parcours autorisés, loin des lieux du pouvoir, mais bien au contraire en s'émancipant de ses consignes et en transgressant les règles qui régissent l'ordre social.

LE GOUVERNEMENT A EU PEUR DES GILETS JAUNES, PAS DES SYNDICATS

En effet, si l'on fait le bilan des mobilisations face à Macron, une seule a obtenu quelques reculs du gouvernement. Pas à la hauteur des attentes, bien sûr, mais le pouvoir a au moins lâché quelque chose. Ce sont les Gilets jaunes, un mouvement qui a duré longtemps, en toute indépendance des organisations. Leur revendication première, élargie ensuite à des éléments beaucoup plus structurants, était l'annulation de la hausse de la taxe sur les carburants. Macron a bien supprimé ce projet de taxe en décembre 2018 dans les premières semaines de leur mobilisation. Pourquoi le gouvernement a reculé ? Pourquoi est-ce que les Gilets jaunes ont fait mieux que toutes les confédérations syndicales depuis 20 ans ? Parce qu'ils ont créé, comme l'écrit la sociologue Kaoutar Harchi, « *un temps et un espace qui leur était propre* ». Le gouvernement n'avait pas de prise sur lui autre que la violence de la police qui s'est abattue sur les manifestants. Il n'avait pas d'interlocuteurs avec qui dialoguer. Le gouvernement et le patronat aiment pouvoir discuter avec les syndicats, car ils gardent globalement un comportement jugé responsable par le pouvoir. Certains députés de la majorité ont même réfléchi à rendre l'adhésion syndicale obligatoire au moment du mouvement des Gilets jaunes[1], car ils veulent des partenaires sociaux avec qui négocier et ainsi étouffer tout mouvement spontané qui refuserait une négociation truquée d'avance.

Les Gilets jaunes, eux, ne parlaient pas au gouvernement, n'étaient pas structurés, institutionnalisés. Ils ne manifestaient pas sur les parcours autorisés, mais préféraient s'approcher des quartiers riches et des lieux de pouvoir ou se mobiliser près de chez eux, loin de Paris, sur le premier rond-point venu. Le gouvernement avait donc peur des Gilets jaunes, beaucoup plus qu'il n'a peur des syndicats. Edouard Philippe a annoncé l'annulation de la taxe sur le carburant en mettant en avant sa crainte de la mobilisation toujours plus « *incontrôlable* » et « *insaisissable* ». « *Nous avons des raisons de redouter une très grande violence* » lors de la prochaine manifestation, a-t-il notamment affirmé avant d'annoncer les premières concessions.

LA NÉGOCIATION COLLECTIVE A PEU À PEU CESSÉ D'ÊTRE L'ISSUE D'UN CONFLIT SOCIAL POUR DEVENIR, LE PLUS SOUVENT, UN MOYEN DE L'ÉVITER.

Face à ces mobilisations qui sortent du cadre habituel, les syndicats traditionnels ont du mal à se positionner. Lors du congrès confédéral de la CGT de 2019, les réticences de la direction nationale à converger avec la lutte des Gilets jaunes ont été beaucoup critiquées par certains militants. En effet, plutôt que d'appeler à se mobiliser au même endroit et dans les mêmes lieux que les Gilets jaunes, la CGT a préféré tardivement organiser des manifestations isolées, sur ses parcours habituels. Résultat, le syndicat a été inaudible pendant cette période. La direction nationale de Force Ouvrière n'a pas fait mieux, ne soutenant pas les Gilets jaunes, et condamnant leur « violence ». D'une autre manière, il est difficile également pour les syndicats de se positionner sur la révolte des banlieues de 2023. La CGT, contrairement à la plupart des centrales syndicales, s'est opposée clairement aux violences policières, mais sans pour autant apparaître comme un soutien au mouvement.

L'ACTION SYNDICALE A PEU À PEU ÉTÉ DOMESTIQUÉE

Beaucoup considèrent que ce n'est pas le rôle d'un syndicat de travailleurs que de soutenir des mobilisations illégales et parfois violentes. Mais quel est le rôle d'un syndicat ? Légalement, un syndicat est une association de personnes dont le but est la défense d'intérêts professionnels communs. Historiquement, cette défense a pris la forme de grèves qui ont permis des avancées sociales qui ont structuré notre modèle social. Par exemple, en 1955, un accord qui prévoyait la troisième semaine de congés payés a été signé chez Renault après de longues grèves. Peu à peu, cette conquête a fait tache d'huile et dans de nombreuses entreprises le même type d'accords a été signé. L'année suivante, ils ont été étendus dans tout le pays par la loi. En 1962, la quatrième semaine de congés payés a été acquise de la même manière, c'est-à-dire avec un accord obtenu chez Renault suite à une grève, qui a été ensuite étendu par la loi à l'ensemble du pays. Le syndicalisme a ainsi pendant des années pris la forme d'une mise en péril des intérêts des employeurs, par la grève, qui se retrouvaient obligés de négocier des avancées sociales pour que les syndicalistes acceptent d'y mettre fin. La violence vis-à-vis des employeurs pouvait également exister : par exemple, lors de la grève des mineurs de 1948, des patrons ont été pris en otage et de nombreux sabotages ont été réalisés. Lors de la grève de Saint-Nazaire de 1955, les combats avec la police ont été très violents, certains ouvriers utilisant même des lance-flammes.

Petit à petit, jusqu'au milieu des années 1980, les relations sociales se sont pacifiées par l'octroi de nombreux droits et de moyens aux syndicats (budget minimum pour les Comités d'entreprises, négociations annuelles obligatoires sur les salaires, etc.) reconnus désormais comme de véritables interlocuteurs du patronat (les fameux « partenaires sociaux ») avec lesquels ils acceptent de négocier. Ces droits et ces moyens ont dans un premier temps permis aux syndicats de défendre au quotidien les salariés parfois efficacement, mais dans le même temps, ils ont limité leur capacité à porter des changements radicaux. En effet, en gravant dans le Code du travail certaines protections, ces droits ont légitimé le pouvoir patronal et pacifié les relations sociales : si les décisions antisociales ne sont plus vues comme une violence unilatérale, mais comme l'issue d'une négociation légale, cela leur donne une forme de légitimité. La négociation collective a peu à peu cessé d'être l'issue d'un conflit social pour devenir, le plus souvent, un moyen de l'éviter. Dès lors, les syndicats ont beaucoup plus de mal à se battre par la grève quand l'employeur leur propose sans arrêt de participer à des négociations. Ils sont plus souvent autour de la table à négocier (le fameux « dialogue social ») que dans les bureaux ou les usines à essayer d'organiser des grèves. Comme le dit l'historien Stéphane Sirot[2], « *à force de conflits ritualisés et de dialogue social, on a oublié que l'ingrédient indispensable, c'est de faire peur à celui qui décide* ». Dans le même mouvement, le droit de grève est devenu de plus en plus encadré et les syndicalistes qui sortent du rang et refusent l'institutionnalisation subissent une répression de plus en plus féroce.

DES REPRÉSENTANTS DU PERSONNEL DÉCOURAGÉS

Au cœur des entreprises, les syndicalistes et élus du personnel sont souvent découragés par ces évolutions. Ils passent en règle générale une bonne partie de leur temps à se battre non pas pour obtenir des avancées sociales, mais simplement pour que les employeurs respectent le Code du travail, les minimums salariaux, les conventions collectives, les accords signés sur le temps de travail, etc. La plupart des élus du personnel voient le recours à la grève comme une solution ancienne, dangereuse, inimaginable aujourd'hui, car ils continuent de croire que s'appuyer sur le droit et sur la discussion avec l'employeur est la seule solution possible. Ils ont également le sentiment que ces échanges avec l'employeur leur donne une respectabilité et qu'ils sont, au moins temporairement, au même niveau que lui. Ce phénomène est aggravé par le tutoiement, dont abusent de plus en plus les directions pour créer cette apparence de complicité avec ceux qu'ils exploitent quotidiennement. Les représentants du personnel sont souvent pris au piège de réunions avec des ordres du jour pléthoriques, qui prennent des journées entières, avec face à eux des employeurs qui manient la langue de bois mieux que personne.

LES REPRÉSENTANTS DU PERSONNEL SONT SOUVENT PRIS AU PIÈGE DE RÉUNIONS AVEC DES ORDRES DU JOUR PLÉTHORIQUES, QUI PRENNENT DES JOURNÉES ENTIÈRES, AVEC FACE À EUX DES EMPLOYEURS QUI MANIENT LA LANGUE DE BOIS MIEUX QUE PERSONNE.

Par ailleurs, beaucoup de représentants du personnel ont assimilé pleinement l'idée patronale selon laquelle l'intérêt des salariés et celui de l'entreprise sont communs. Les mécanismes d'intéressement des salariés au profit jouent beaucoup dans cette fiction, car ils peuvent avoir l'impression d'avoir intérêt à son augmentation pour en récupérer des miettes, alors qu'il est réalisé en volant la valeur générée par leur travail.

Les représentants du personnel pâtissent aussi du fait que leur statut est l'issue d'un vote des salariés. L'abstention est massive aux élections professionnelles et, pour convaincre le peu d'électeurs dans l'entreprise, il faut souvent ne pas trop montrer d'agressivité vis-à-vis de l'employeur et ne pas réaliser des actions transgressives dont le bénéfice collectif potentiel sera difficile à appréhender par les salariés. Ces derniers sont souvent plus intéressés par l'utilisation du budget des Activités sociales et culturelles géré par le CSE (chèque vacances, voyage organisé, bon d'achats, etc.) que par la lutte qu'il essaye de mener. Beaucoup de membres des CSE subissent la nécessité de se faire réélire, d'autant plus dans les grandes entreprises où leur mandat occupe parfois tout leur temps et où leur vie professionnelle est durablement impactée par leur engagement. Ils savent qu'un retour à leur poste de travail est impossible, car la direction de l'entreprise les empêchera de faire carrière dans l'entreprise ou *a minima* ne leur fournira pas les formations nécessaires pour actualiser leurs compétences, parfois rendues partiellement obsolètes par des années de représentation du personnel.

On peut comprendre que de nombreux salariés voient de moins en moins l'importance de se syndiquer ou simplement de voter aux élections professionnelles, si, de toute manière, les syndicats valident souvent des décisions patronales dans un simulacre de négociation, dont personne n'est dupe, et une partie de leurs dirigeants ne rêve que de faire partie du système ou d'être respectée par lui. Historiquement, on observe d'ailleurs que le déclin du nombre d'adhérents et du nombre de mobilisations s'accélère largement à partir du moment où la négociation collective entre syndicat et patronat se développe. Bien sûr, ce déclin est dû en grande partie à la désindustrialisation, à la précarisation, à la répression syndicale. Mais le manque d'utilité ressenti par les salariés dans la défense de leurs intérêts n'est pas à négliger. Le taux de syndicalisation était environ à 40 % dans les années 1970 et s'est effondré à 10 % depuis les années 1980, ce qui est l'un des taux de syndicalisation les plus bas d'Europe.

À la fin du vingtième siècle, le Medef, le syndicat des patrons, a saisi ce mouvement de développement de la négociation et d'affaiblissement des syndicats pour obtenir des lois (en particulier celle de 2013, au début du mandat de François Hollande) qui permettent à la négociation collective de déroger au Code du travail en défaveur des salariés. Les négociations sont devenues des marchandages de droit : les syndicats sont poussés à accepter des reculs (flexibilité des horaires, gel des salaires) en échange, par exemple, d'engagements (en général non tenus) sur le maintien de l'emploi. Le plus souvent, ils ne négocient même pas avec les véritables décideurs : de plus en plus de groupes multinationaux ne présentent plus de réelles directions en France, ne laissant face aux syndicats et aux représentants du personnel que des exécutants.

Dans le même temps, les dirigeants syndicaux qui œuvrent le mieux à freiner les combats sociaux sont récompensés : on se rappelle notamment de Jean-Claude Mailly, dirigeant de Force Ouvrière, qui ne s'est pas opposé aux ordonnances Macron, qui ont démantelé le Code du travail en 2017 et qui a été embauché dès l'année suivante par la société de Raymond Soubie, ancien conseiller social de Nicolas Sarkozy. On peut citer également Thierry Lepaon, secrétaire général de la CGT qui avait été dégagé de son mandat début 2015 suite aux scandales sur les émoluments qu'il touchait et sur les sommes incroyables consacrées à l'aménagement de son bureau. Il coule aujourd'hui des jours heureux en tant qu'inspecteur général de la jeunesse et des sports de première classe, nommé directement par Emmanuel Macron. Sans parler de Laurent Berger, ancien leader de la CFDT, qui a fini banquier au Crédit Mutuel. Ces cas ne sont malheureusement pas des exceptions. Le patronat a en effet intérêt à laisser libre cours à certaines ambitions de carrière absolument contraires aux intérêts des salariés.

CRÉER DE L'INATTENDU ET DU RISQUE

Alors que faire dans ce marasme ? D'abord, prendre appui sur ce qui existe toujours. Les trois quarts des adhérents de la CGT sont ouvriers ou employés, et ils sont bien plus nombreux (600 000) que les adhérents de n'importe quel parti politique. Même si le syndicalisme ne se confond plus depuis des décennies avec la classe ouvrière, il reste un moyen d'organisation à ne pas négliger. Les Unions locales de la CGT par exemple restent souvent de véritables espaces de politisation pour les ouvriers et employés. Le fait que plusieurs fédérations de la CGT aient fin 2022 largement œuvré pour organiser des grèves qui ont été décisives pour obtenir des augmentations de salaire (la Fédération de la chimie CGT par exemple) donne de l'espoir pour l'avenir, même si la direction nationale de la CGT n'a quant à elle pas impulsé nationalement ou organisé les grèves. Pendant le mouvement des retraites, elle a donné sur ce point l'impression d'être prisonnière de l'intersyndicale (le regroupement de plusieurs syndicats) et des positions de la CFDT. Alors que si l'intersyndicale peut être utile pour convaincre largement au sein de la population, elle ne doit pas empêcher chaque syndicat de s'organiser et de suivre une ligne idéologique distincte en œuvrant principalement à l'organisation des grèves. Ce mode d'action est loin d'avoir disparu en France, au-delà du contexte particulier de la réforme des retraites et des luttes pour obtenir des hausses de salaire en période de forte inflation. Selon la Dares[3], en 2021, 27,2 % des entreprises de plus de 500 salariés ont été concernées par au moins un arrêt collectif de travail.

LES TROIS QUARTS DES ADHÉRENTS DE LA CGT SONT OUVRIERS OU EMPLOYÉS, ET ILS SONT BIEN PLUS NOMBREUX (600 000) QUE LES ADHÉRENTS DE N'IMPORTE QUEL PARTI POLITIQUE.

Le premier rôle d'un syndicat qui veut défendre la classe ouvrière est sans doute aujourd'hui de créer de l'inattendu, du risque, des actions qui ne sont pas institutionnelles, pas ritualisées et pas maîtrisables par le pouvoir patronal et gouvernemental. Ce qui s'est passé pendant les Gilets jaunes n'est d'ailleurs pas étranger à certaines actions transgressives organisées ultérieurement par les syndicats. Pendant le mouvement des retraites de 2023, certains syndicalistes ont multiplié les actions coups de poing en coupant le courant de lieux symboliques. Des plateformes logistiques ont été bloquées. Cet esprit des Gilets jaunes doit continuer à infuser dans les pratiques syndicales. Elles se rapprocheront ainsi de ce que prévoyait la Charte d'Amiens, adoptée en 1906 par la CGT et référence du syndicalisme révolutionnaire, qui lui assignait trois tâches : la lutte des classes, la « double besogne » (c'est-à-dire agir à la fois pour le quotidien et pour la révolution), l'indépendance vis-à-vis des partis, de l'État et du patronat.

À l'avenir, remplir ces tâches pourrait passer notamment par les dynamiques suivantes :

- *Concentrer l'énergie des syndicats sur l'organisation des grèves et leurs moyens financiers vers les caisses de grèves et les unions locales. Une stratégie possible pourrait être « lundi pas de bateau, mardi pas de trains, mercredi pas de camions, jeudi tous ensemble en grève et dans la rue, vendredi pas de plateforme logistique, etc. »[4] Il est important que les syndicalistes des secteurs les plus syndiqués et organisés aillent à la rencontre des salariés dans les entreprises qui le sont moins, pour les aider à s'organiser et leur apporter de la force et du nombre en privilégiant toujours le contact et le dialogue direct aux pratiques militantes classiques.*
- *Essayer de répéter dans d'autres lieux, et notamment les entreprises, ce qu'ont su faire les Gilets jaunes, qui ont organisé les ronds points comme des lieux d'échange, de rencontre, de fête, de solidarité, ce qui leur a permis de s'ouvrir aux non-militants. Les bourses du travail pourraient notamment être réinvesties en ce sens, ainsi que l'organisation d'assemblées générales dans les entreprises.*
- *Refuser toutes les négociations qui, à l'évidence, n'aboutiront à rien de bon pour les salariés. Cesser d'apparaître comme des interlocuteurs du pouvoir, ce qui passe par le refus de toute discussion nationale avec le gouvernement.*
- *Multiplier les actions de désobéissance telles que couper le courant, bloquer des grandes surfaces, des entreprises logistiques, des péages, etc.*
- *En finir avec les manifestations routinières, défiler hors des parcours autorisés, de manière inattendue, près des lieux de pouvoir. Ne pas s'offusquer du recours ponctuel à la violence contre des biens matériels.*
- *Sortir des postures défensives pour défendre des agendas mobilisateurs, en cessant de caler les actions sur le calendrier parlementaire. Par exemple, les retraites sont un sujet à réinvestir en-dehors de l'opposition aux réformes gouvernementales, car elles sont un vrai outil d'émancipation.*
- *Être réactif et en soutien quand une partie de la population, comme pendant les Gilets jaunes, se mobilise spontanément et par elle-même.*

Il n'est pas impossible que certains syndicats évoluent en ce sens. Certes, comme les partis politiques, ils sont parfois englués dans des querelles internes, des enjeux de carrières, des discussions boutiquières, une certaine forme de sectarisme, qui minent leur efficacité et les empêchent d'évoluer. Mais ils recèlent surtout en leur sein des centaines de milliers de militants, qui consacrent leur vie à leurs idées et à la défense des salariés, parfois au péril de leur carrière, sans rien attendre en retour. De nombreux syndicalistes, y compris ayant des responsabilités dans les unions locales, se sont engagés au sein des Gilets jaunes et ont ressenti une grande joie à sortir de la routine et de l'entre-soi syndical[5]. De leur côté, les Gilets jaunes ont pu observer que seul les syndicalistes dans les entreprises ont été capables d'arracher parfois des augmentations de salaires importantes face à l'inflation (de 90 à 140 euros net mensuels d'augmentation pour les salariés au Smic de Vertbaudet par exemple), c'est-à-dire d'obtenir des concessions importantes du capital, tandis qu'eux n'avaient obtenu que des reculs du gouvernement, mais aucun des entreprises. Il y a urgence à adapter les organisations syndicales à cette force des syndiqués et de la société tout entière, qui les dépasse, plutôt que de contenir l'action spontanée des travailleurs, qui ont tout à gagner à un retour de la conflictualité. ■

1 www.lefigaro.fr/vox/politique/2019/03/01/31001-20190301ARTFIG00006-syndicalisation-obligatoire-les-vrais-gilets-jaunes-ne-voulaient-ni-partis-ni-syndicats.php

2 Gilets jaunes et syndicalisme, restriction ou extension du domaine de la lutte, Problématiques sociales et syndicales, hors série n°3, janvier 2022.

3 Dares, février 2023, « Les grèves en 2021, une hausse portée par des revendications salariales ».

4 « De quelle CGT avons-nous besoin », Unité CGT, Éditions Delga, décembre 2022.

5 *Le syndicalisme est politique*, sous la direction de Karel Yon, La dispute, septembre 2023.

GRÈVES VICTORIEUSES

ET SYNDICALISME OFFENSIF :

LES ÉTATS-UNIS MONTRENT LA VOIE

Quel est le point commun entre un livreur d'UPS, un pilote de ligne d'United Airlines, une électricienne de General Motors, un croupier à Las Vegas, les scénaristes de Big Bang Theory, Matt Damon et Philippe Martinez ? Réponse : ils ont tous participé à des luttes sociales majeures en 2023.

Philippe Martinez a perdu, les autres ont gagné. Ils ont gagné des augmentations à deux chiffres, dépassant parfois les 40 % sur quatre ans. Souvent accompagnées d'améliorations substantielles de leurs conditions de travail, primes et couverture sociale.

Comment expliquer cette exception française dans la défaite ? Le capitalisme américain n'est pas réputé pour sa tendresse envers la classe laborieuse. Il a même inventé une industrie à part entière : celle des consultants anti-syndicats et briseurs de grèves, déployés par le patronat en amont des conflits sociaux et pour empêcher l'implémentation syndicale dans les entreprises.

En aval, les capitalistes américains profitent d'un droit du travail anémique et de pouvoirs publics complaisants pour déployer un éventail de tactiques destinées à briser la grève. Aux intérimaires dispatchés pour remplacer les grévistes s'ajoutent diverses menaces et représailles. En 2019, les 49 000 ouvriers grévistes de General Motors avaient temporairement perdu leur assurance maladie, habituellement fournie par l'employeur.

Signe de cette adversité structurelle, seuls 6 % des salariés du privé sont syndiqués aux États-Unis en 2022, contre 35 % en 1960. L'effondrement du taux de syndicalisation coïncide avec l'explosion des inégalités, alors qu'un travailleur d'une entreprise syndiquée gagne bien mieux sa vie — à poste et secteur équivalents — que ses homologues employés dans des entreprises sans présence syndicale.

Certes, les grèves américaines sont uniquement sectorielles, lorsqu'elles ne se limitent pas à une seule entreprise. Certains estimeront qu'il est plus facile aux 340 000 livreurs d'UPS et aux 16 000 pilotes d'United Airlines d'arracher entre 20 et 40 % d'augmentation qu'à l'intersyndicale de faire reculer Emmanuel Macron.

Pourtant, ni le syndicat des pilotes de ligne ni les *Teamsters* d'UPS n'ont eu à faire grève. La menace avait suffi. De même, lorsque la mairie de Chicago a tenté de forcer les écoles publiques à ouvrir en période de Covid, le préavis de grève voté par les 26 000 enseignants du comté avait expédié le projet aux oubliettes. L'équipe municipale, hostile à l'école publique, a perdu la mairie au profit d'un candidat issu de la gauche radicale soutenu par les syndicats enseignants.

Le pouvoir de ces organisations de travailleurs ne fait aucun doute. Nos cousins américains auraient-ils quelque chose à nous apprendre ?

BY CHRISTOPHE LE BOUCHER

DES GRÈVES MASSIVES, TOTALES, LONGUES, DÉTERMINÉES, SOLIDAIRES.

Les 49 000 ouvriers de General Motors avaient mis 30 usines à l'arrêt pendant six semaines, faisant perdre plusieurs milliards de dollars de chiffre d'affaires au constructeur américain. Lorsque 48 000 doctorants, laborantins, professeurs remplaçants, post-doc et secrétaires de l'Université de Californie se sont mis en grève, les cours et la recherche se sont arrêtés pendant six semaines, causant des pertes financières conséquentes pour les dix campus touchés. La direction a fini par accorder près de 50 % d'augmentation aux grévistes. En 2019, 40 000 institutrices et instituteurs du comté de Los Angeles avaient fermé la totalité des écoles publiques de la plus grande académie du pays, obtenant gain de cause sur l'ensemble de leurs revendications en cinq jours de grève. Tout comme les 30 000 professeurs de Virginie-Occidentale et d'Oklahoma, qui avaient mis à l'arrêt le système éducatif de ces deux États en 2017.

Ces grèves massives ont pour première caractéristique de mobiliser l'ensemble des travailleurs concernés, ou presque. Pas un scénariste n'a écrit la moindre ligne de dialogue ou début de script pendant les 146 jours de grève qui ont mis la production hollywoodienne à l'arrêt. Résultat, les 11 000 membres de la Guilde des Auteurs américains ont obtenu une victoire « *au-delà des attentes* », après avoir forcé les PDG des plus grands studios à venir en personne à la table des négociations. Au début du conflit, ils avaient pourtant évoqué le fait qu'ils tiendraient « *jusqu'à ce que les grévistes hypothèquent leurs logements* ».

La solidarité s'étend parfois au-delà des travailleurs mobilisés. Les enseignants de l'Oklahoma avaient refusé de reprendre les cours avant que les conducteurs de bus scolaire et les surveillants n'obtiennent leurs propres augmentations. Les routiers du syndicat des Teamsters avaient cessé de desservir les usines Ford, GM et Stellantis en grève. Et de nombreuses stars du calibre de Matt Damon ont refusé de reprendre le tournage dans les productions touchées par la grève des scénaristes.

C'est le second point. Quand les Américains se mettent en grève, ils ne le font pas à moitié. Ça dure des jours, des semaines voire des mois. Le concept de « reconductible » leur est étranger. Une grève se poursuit jusqu'à la victoire ou la défaite, point. Par quel miracle ? Les caisses de grève, tout d'abord. Celle du syndicat automobile UAW atteignait 825 millions de dollars à l'aube du conflit historique déclenché contre le « big 3 ». De quoi verser 500 dollars par semaine à chacun des 146 000 grévistes, pendant trois mois. L'organisation, ensuite. Le conflit est préparé en amont, avec toutes les mesures permettant d'amortir une perte de salaire.

Cette détermination s'accompagne d'une stratégie offensive marquée par des revendications ambitieuses. L'UAW a demandé 46 % d'augmentation (en citant la hausse de la rémunération des PDG), la semaine de 32 heures payées 40 et la fin des contrats intérimaires. Inclure les 32 heures n'était pas une stratégie de négociation « crédible », mais visait à mettre ce sujet en débat à l'échelle nationale et ainsi préparer les victoires futures.

Cette capacité à établir un rapport de force extrêmement puissant explique pourquoi des avancées significatives sont parfois obtenues sans avoir à déclencher la grève. Comme l'expliquait Nelson Lichtenstein, historien spécialiste du mouvement ouvrier américain, « *le pouvoir de négociation des syndicats atteint son paroxysme quelques heures avant le début de la grève* ».

Je crois sincèrement que de grandes choses sont possibles, mais seulement si nous parvenons à mettre notre peur de côté. Si nous arrêtons de laisser la classe des milliardaires définir ce qui est possible et ce qui est réaliste. Ils ont passé des décennies à nous convaincre que nous sommes faibles, qu'il est inutile de lutter. Que nous devrions être reconnaissants des miettes qu'ils nous laissent.

Je suis là pour vous dire que ces jours sont derrière nous. Aujourd'hui, nous franchissons une étape pour tourner le dos à ce passé. Mais pour y parvenir, nous devons avoir confiance les uns envers les autres.

Je regarde les décisions que nous avons prises sereinement, car j'ai confiance en chacun d'entre nous. Si nous travaillons dur et ensemble, nous pouvons déplacer des montagnes.

Alors je dois vous demander : avez-vous la foi ? Êtes-vous prêt à lutter ensemble et à déplacer ces montagnes ? Parce que personne ne va venir nous sauver. Personne ne peut gagner ce combat à notre place. Notre plus grand espoir, notre seul espoir, réside dans notre solidarité.

Je suis en paix avec la décision de faire grève s'il le faut parce que je sais que nous sommes du bon côté de la bataille. C'est la bataille de la classe laborieuse contre les riches, de ceux qui ont tout contre ceux qui n'ont rien, des milliardaires contre tous les autres.

Cela me rappelle de nouveau l'Évangile selon Saint Matthieu, verset 19:23-24, qui proclame : « Il est plus facile à un chameau de passer par le trou d'une aiguille qu'à un riche d'entrer dans le royaume de Dieu ».

Pourquoi est-il plus facile à un chameau de passer par le trou d'une aiguille qu'à un riche d'entrer dans le royaume de Dieu ? J'imagine qu'une partie de la réponse vient du fait que dans le Royaume de Dieu, personne n'accapare toute la richesse pendant que les autres souffrent ou meurent de faim. Dans le Royaume de Dieu, personne ne se place en position de domination totale envers des communautés entières. Dans le Royaume de Dieu, personne ne force les autres à répéter à l'infini des tâches éreintantes pour qu'ils puissent simplement nourrir leurs familles ou obtenir un toit.

Ce monde n'est pas le Royaume de Dieu. Ce monde est une forme d'enfer. Lutter pour boucler ses fins de mois est un enfer. Devoir choisir entre des médicaments ou le loyer est un enfer. Travailler sept jours par semaine douze heures par jour pendant des mois est un enfer. Voir son usine fermer et sa famille éparpillée à travers le pays est un enfer. Être contraint de travailler pendant une pandémie et ne pas savoir si on tombera malade, mourra ou contaminera sa famille est un enfer.

Il en est plus qu'assez. Il est temps de décider dans quel genre de monde nous souhaitons vivre. Et de ce que nous sommes prêts à faire pour y parvenir.

Discours de Shawn Fain, président de l'United Auto Workers (UAW)
à deux jours du lancement de la grève des travailleurs de l'automobile, début septembre 2023

DES SPÉCIFICITÉS AMÉRICAINES

Les dispositions du droit du travail américain encouragent ces bras de fer spectaculaires. La représentation syndicale n'est pas automatique. Dans les entreprises où elle existe, un accord salarial est négocié tous les quatre ans. Souvent, il intègre des clauses interdisant la grève en dehors de ces périodes de négociations. La date d'expiration du contrat sert alors d'ultimatum pour déclencher la grève si les négociations échouent. Les syndicats peuvent ainsi formuler leurs revendications en amont, et préparer le conflit des mois, voire des années à l'avance.

En période d'affaiblissement structurel de la classe laborieuse et de ralentissement économique, les négociations visent surtout à limiter les concessions faites au patronat au nom de la compétitivité et de l'emploi. Mais lorsque la conscience de classe s'aiguise, que les profits s'amoncellent et que les dividendes pleuvent, les syndicats passent à l'offensive. C'est ce qu'on observe aujourd'hui. La popularité des syndicats augmente chaque année et les grèves se multiplient. En 2022, 420 conflits sociaux ont été recensés, alors que de nouvelles antennes syndicales poussent dans des entreprises réputées impossibles à syndicaliser, Starbucks en tête.

Cette véritable renaissance du mouvement ouvrier américain est le fruit d'un travail de longue haleine qui tient en un mot difficilement traduisible : *l'organizing.*

L'ORGANIZING : PRÉPARER MÉTICULEUSEMENT LA GRÈVE

Parce qu'ils s'inscrivent majoritairement dans le cadre de négociations salariales, les conflits sont souvent pilotés par le haut et conduit de manière quasi militaire. Une fois la grève autorisée par un vote à majorité simple, la décision de « frapper » est laissée à la direction syndicale. En cas de grève, les travailleurs syndiqués participent massivement au conflit, avec des taux souvent proches des 100 %.

La fameuse ligne de défense de l'intersyndicale française, qui consiste à dire que la grève « ne se décrète pas », est contredite par les faits.

Cela ne tient pas du miracle, mais d'un travail méticuleux réalisé en amont. Dans les cas emblématiques cités plus haut, tout part de la base et d'un noyau de militants mobilisés. Souvent, les anciennes directions, habituées à la collaboration avec le patronat et empêtrées dans la bureaucratie, ont été renversées par ces efforts. L'instauration du vote direct pour élire les nouvelles directions syndicales (au lieu du suffrage indirect confié aux délégués de chaque antenne ou fédération, comme à la CGT) permet de dépasser la bureaucratie et les tractations politiciennes qui minent tant de syndicats.

La coordination de la grève se fait de manière centralisée et stratégique. Encore une fois, la confiance établie entre la base et la direction, qui devra rendre des comptes aux adhérents, est critique. Cette relation se construit pas à pas, le syndicat employant même des « *organisers* » professionnels en plus des délégués élus pour « organiser » les troupes, recueillir les préoccupations et aspirations, jauger de l'appétit pour une grève, estimer les forces et faiblesses et motiver les adhérents.

Ce travail de terrain, essentiellement réalisé à l'aide de multiples conversations en tête à tête, est rarement improvisé. Il s'appuie sur des bases théoriques, l'expérience et une pratique des militants les plus aguerris. Discret par nature, il permet de produire des résultats spectaculaires lorsque la direction syndicale appuie sur le bouton « grève ». Au point que les patrons, au fait du pouvoir amassé par leurs travailleurs unis, cèdent parfois avant le début de la grève.

Dans le conflit qui oppose les 146 000 travailleurs de l'UAW aux trois constructeurs historiques Ford, GM et Chrysler (désormais Stellantis), le syndicat avait déjà obtenu 20 % d'augmentation et des concessions sur plusieurs points. Il a tout de même décidé de lancer la grève, confiant dans sa capacité à obtenir davantage grâce au formidable pouvoir construit en préparant le conflit depuis des mois. ■

ON A VU

« DOPESICK » & « PAINKILLER » LES MORTS DU CAPITALISME À L'ÉCRAN : DEUX SÉRIES SUR LE SCANDALE DE L'OXYCONTIN

En 1997 sortait en grande pompe un livre écrit par un collectif d'universitaire et portant le titre de *livre noir du communisme*. Il faisait le décompte macabre des décès liés à l'action des régimes dits communistes, de la Chine maoïste à l'URSS. Entre les grandes famines et les camps de prisonniers politiques, ces régimes ont effectivement du sang sur les mains. Mais à quand un *livre noir du capitalisme,* qui parlerait de tous les décès qui sont dus à l'action d'un système économique tellement motivé par la quête de profit pour quelques-uns qu'il est prêt à en sacrifier beaucoup d'autres ?

Deux séries télévisées ont contribué cette année à exposer les méfaits de ce système économique et de ses bénéficiaires : *Painkiller* et *Dopesick*, qui racontent le même scandale - et le mot est très faible : celui de la diffusion aux États-Unis d'un puissant et ultra dangereux antidouleur, l'Oxycontin. L'Oxycontin appartient à la famille des opiacés et constitue un médicament efficace, mais ultra addictif : il a été prescrit de façon massive et excessive par les médecins, sous influence du groupe pharmaceutique Purdue Pharma, et a provoqué rien qu'en 2017 72 000 morts par overdose aux États-Unis, 500 000 au total sur 20 années, contribuant à la baisse de l'espérance de vie dans l'un des États les plus riches du monde. Ces deux séries racontent, dans un genre un peu différent, la façon dont la famille Sackler, actionnaire et dirigeante du groupe Purdue Pharma, a entamé une stratégie commerciale agressive, dupant les autorités médicales au passage, et faisant passer ce médicament dangereux pour un banal antidouleur ne créant pas de dépendance.

Chaque épisode de la série *Painkiller*, diffusée sur Netflix, est introduit par un proche d'une personne morte par overdose d'Oxycontin : le ton est donné. Cette série vise à choquer, à provoquer la colère et la révolte, et elle y parvient, particulièrement en mettant en scène la descente aux enfers d'un simple garagiste qui, victime d'un accident mettant en péril sa vie professionnelle et sa stabilité financière, se fait prescrire l'antidouleur miracle. Le soulagement de la douleur s'accompagne presque aussitôt d'une addiction immense et d'une première overdose quasi fatale. La série montre bien la honte qui entoure cette addiction nouvelle, l'incompréhension de l'entourage, la légèreté de médecins manipulés par les visiteurs médicaux (sorte de commerciaux du monde pharmaceutique) de Purdue Pharma. Là où la série *Painkiller* rate sa cible, c'est quand elle décrit les membres de la famille Sackler, qui passent effectivement pour des capitalistes assoiffés d'argent, mais aussi pour des sociopathes. Or, on peut parfaitement imaginer que n'importe quelle autre grande famille bourgeoise puisse agir de même devant la manne financière représentée par l'Oxycontin : la banalité du mal capitaliste existe.

C'est d'ailleurs l'une des forces, à l'inverse, de la série *Dopesick*, diffusée sur Disney +. On y voit les réunions des actionnaires, qui décident, en toute tranquillité, d'augmenter fortement leur rémunération grâce à tous les mensonges de leur groupe Purdue Pharma. Il n'y a pas d'étalage particulier de leur richesse, rien n'est clinquant ; ils ne sont pas particulièrement fous. Ils visent juste l'objectif de toute entreprise capitaliste : générer un maximum de rendement pour ses actionnaires. Richard Sackler, président du conseil d'administration de Purdue Pharma, se sert de tous les moyens légaux à sa disposition vers cet objectif : lobbying intense auprès de la FDA (autorité de la santé américaine) pour qu'elle autorise le médicament et sa communication mensongère en allant jusqu'à embaucher l'un de ses membres les plus importants. Elle met aussi en place l'organisation d'une équipe commerciale stimulée par les primes, formée à présenter de faux graphiques et à manipuler les médecins pour qu'ils prescrivent massivement ce poison ; s'ajoute à cela le financement massif des professeurs d'université influents pour qu'ils défendent l'Oxycontin dans des colloques et publient des mensonges dans des revues médicales…

Et face à cette bulle immonde, la série montre les souffrances terribles des malades, en particulier dans le pays minier de Virginie du Sud, devenus des toxicomanes, alors qu'ils n'ont fait que suivre les prescriptions de leur médecin. De plus, on comprend bien dans la série l'impunité dont va bénéficier la famille Sackler, qui se sert de ses réseaux politiques, en particulier en prenant Rudolf Giuliani, célèbre ancien maire de New York, comme avocat. Les Sackler font reposer tous les torts sur les victimes qui auraient selon eux mal utilisé leurs opioïdes. Leur cynisme est sans borne, mais il reflète une réalité qui ne se limite pas à leur responsabilité individuelle, pour laquelle ils devraient moisir en prison : c'est tout le système de production capitaliste des médicaments qui est à remettre en cause, car il permet ce genre de méfaits.

Guillaume Etiévant et Nicolas Framont

RETOUR SUR EXPÉRIENCE

Comment GREENPEACE France a désarmé le combat écologiste

PAR CLÉMENT SÉNÉCHAL

Ancien chargé de campagne climat de Greenpeace France

UNE ÉCOLOGIE MONDAINE ET COMPLAISANTE

« *L'effondrement climatique a commencé.* » C'est avec ces mots tranchants qu'Antonio Guterres dépeint la gravité de la situation, le 6 septembre 2023, au moment où l'Organisation météorologique mondiale nous apprend que l'été, qui vient alors de s'écouler, est le plus chaud jamais enregistré sur la planète. Pour les écologistes professionnels, le secrétaire général de l'ONU fustige en creux « l'inaction climatique » des classes dirigeantes ou l'apathie de la population. Mais n'est-ce pas également l'amer constat d'échec d'un demi-siècle d'écologie consensuelle, commencée dans les années 1960-1970 avec des structures comme le WWF et Greenpeace ? Une écologie qui, à force d'embourgeoisement, a tellement dépolitisé sa propre cause qu'elle confine aujourd'hui à l'impuissance organisée ?

En juin 2023, alors que le gouvernement utilise des méthodes antiterroristes contre les Soulèvements de la Terre, me voilà convié au pot de départ d'un congénère du WWF, sur une péniche huppée proche de l'Hôtel de Ville de Paris, entre les prestigieux Pont Marie et Pont Louis Philippe, un verre de Spritz offert à la main. Pensant participer à une fête bon enfant avec les employés de la « cause », me voilà rapidement pris au piège : il s'agit, en réalité, d'un pince-fesses taillé pour réseauter entre notables de l'écologie institutionnelle. Des hauts responsables du WWF sont là, secondés par des journalistes de BFM et d'ailleurs, le directeur des programmes de Greenpeace, la directrice du Réseau action climat, rejoints quelques minutes plus tard par le ministre délégué aux Transports, Clément Beaune, suivi de près par son ministre de tutelle, Christophe Béchu. Sur l'arche du Pont Marie, un rétroprojecteur inscrit en lettre lumineuse l'injonction suivante : « Pense à rêver ». Dans la perspective, il surplombe le petit agglutinement qui s'est formé autour de Clément Beaune, où je reconnais mes anciens homologues, avides de confidences et de regards entendus avec les autorités. Je dois sans doute vivre un moment de réalité parallèle, où le vrai est un moment du faux. L'écologie institutionnelle est décidément une vaste comédie où « chacun est dans son rôle », comme on aime à le répéter pour lisser les antagonismes de façade qui surgissent dans le déroulement de la pièce. Le lendemain, le ministre de l'Écologie explique à la télévision que les Soulèvements de la Terre desservent leur cause. Gérald Darmanin prononcera leur dissolution quelques jours plus tard.

L'écologie institutionnelle est décidément une vaste comédie où « chacun est dans son rôle », comme on aime à le répéter pour lisser les antagonismes de façade qui surgissent dans le déroulement de la pièce.

Quelque part, cet épisode marque la conclusion d'une trajectoire teintée d'écœurement au sein du microcosme environnemental parisien, où les contradictions entre les belles paroles et la réalité des pratiques finit par abrutir complètement la conscience. Après plus de sept années de bons et loyaux services au sein de Greenpeace, dont l'enfant en moi gardait l'image d'une écologie trépidante, j'ai en effet été congédié sans ménagement par son directeur général, au motif d'un tweet-clash avec l'un des bateleurs du climat les plus appréciés par la presse bourgeoise : François Gemenne. Irrité par ma pugnacité, ce courageux membre du GIEC s'est ému directement auprès de mon directeur. Avec succès : licenciement pour usage excessif de ma liberté d'expression. La désobéissance civile revendiquée par l'association s'arrête aux limites de la bienséance. Les prud'hommes diront le droit[1]. Mais je peux d'ores et déjà dépeindre les dérives nombreuses de cette écologie sans convictions, au-delà des mirages entretenus dans l'opinion publique par des actions coups de poing aussi suréquipées qu'elles sont inoffensives.

Ce n'est pas la première fois que je rencontre un ministre, tant s'en faut. Quelques mois plus tôt, juste avant de me faire remercier pour manque à l'étiquette, j'entrais dans l'une des salles de réunion du très chic hôtel de Roquelaure, boulevard Saint-Germain à Paris, afin de présenter comme de coutume les attentes de Greenpeace à la ministre de la Transition énergétique, Agnès Pannier-Runacher, à propos de la COP27. Cette année-là, la conférence climat devait se tenir dans la dictature égyptienne, plus exactement dans la ville touristique de Charm el-Cheikh, dont les hôtels de luxe extravagants jouxtent la Mer rouge et ses somptueux coraux; plus précisément encore, dans le centre international Lamborghini, sous la houlette de Coca-Cola, sponsor principal de « l'événement ». Avec moi, les chargés de plaidoyer des différentes associations qui travaillent sur le climat, également venus présenter poliment leurs doléances dans une salle ornée de dorures légèrement décaties, à un gouvernement pourtant condamné deux fois pour inaction climatique. Tous sont sur leur 31. Des cafés serrés ont été servis sur une table nappée. Autour de la ministre, deux conseillers costumés, un brin mutiques, blasés par un exercice de nature purement protocolaire et minés par leur manque de connaissances et d'intérêt. Tout sourire, la ministre présente les velléités du gouvernement pour cette grand-messe internationale, en prenant soin de soigner ses manières avec chacun d'entre nous. Derrière des éléments de langage vaguement techniques, le sabir intemporel de la vanité. Lorsque l'un de nous tente une critique, la ministre coupe la parole. Elle « ne permet pas ». Quand je lui rends la pareille, elle s'offusque. Un ange passe. Nous frôlons l'incident diplomatique (rapidement, la rumeur infamante court jusqu'au bureau de la rue d'Enghien, où je travaille, que j'aurais manqué de respect à une huile de la République). Car nous sommes ici en territoire ami : aucune conflictualité ne saurait s'immiscer, sous peine de rompre les règles du champ social ministériel et d'en être exclu, disgrâce suprême. Ne travaillons-nous pas tous pour le bien de la France et du climat, par-delà les clivages ? Avant de partir, la ministre serre la main à tous, avec insistance, comme si le contact physique pouvait dissoudre le mauvais rêve d'une possible opposition idéologique.

Quelques jours plus tard, coup de théâtre : Greenpeace demande la démission de la ministre en pleine COP27. Motif : la publication d'une enquête journalistique objectivant certains liens d'intérêts familiaux avec l'entreprise Perenco, spécialisée dans la production d'hydrocarbures. Comme un rendez-vous avec la ministre est prévu pendant les négociations, les autres ONG embrayent mollement, gênées. Tout le monde sait qu'il s'agit essentiellement d'un coup d'éclat sans conséquence, d'une esbroufe insignifiante qui ne vaut pas la peine de se priver « d'accès ». En effet, quelques semaines plus tard, au début de l'année 2023, les rendez-vous avec la Ministre reprennent comme si de rien n'était, pour préparer la future loi climat-énergie. Alors que la conduite

Si ces ONG ne sont plus capables d'exister en dehors d'une forme de collusion implicite avec la classe dominante, c'est parce que leur rejet de toute approche révolutionnaire les prive d'autonomie.

de la réforme des retraites marque une crise de régime sans précédent et la négation inédite des principes démocratiques élémentaires, les ONG environnementales maintiennent d'ailleurs leurs rendez-vous de plaidoyer avec le pouvoir, sans se poser de questions.

UNE NEUTRALITÉ POLITIQUE MORTIFÈRE

À quoi servent ces rendez-vous ? Sur le plan tactique, ils sont contre-productifs : les chargés de plaidoyer dévoilent leurs cartes à une ministre qui n'est présente que pour jauger ses vrais-faux opposants et se préparer d'autant mieux à une éventuelle polémique publique. Elle y trouve une caution verte et démocratique, revendiquée par des photos officielles sur les réseaux sociaux. Les représentants des ONG viennent, quant à eux, chercher de l'information sur les intentions du ministère, afin de pouvoir parler à la presse en position d'*insider*, se rendant dès lors dépendants de leurs prétendues cibles de campagne. Ces rendez-vous ne servent en fin de compte qu'à réaffirmer l'importance sociale du personnel environnemental, en lui fournissant l'illusion d'une participation aux affaires publiques. Par conséquent, il s'agit avant tout de rituels de pacification entre la classe capitaliste au pouvoir et son pendant disséminé dans la « société civile ». Un nexus cérémoniel où s'échangent des capitaux symboliques, par lequel le système digère de possibles résistances. Les rendez-vous de plaidoyer fonctionnent alors comme des rites de dépolitisation, *condition sine qua non* pour accéder à la respectabilité d'État, aujourd'hui visée par les ONG bien davantage que les résultats concrets.

Si ces ONG ne sont plus capables d'exister en dehors d'une forme de collusion implicite avec la classe dominante, c'est parce que leur rejet de toute approche révolutionnaire les prive d'autonomie. Elles ne savent pas combattre sur leurs propres bases, d'autant plus qu'elles n'en ont plus vraiment l'ambition. Pourquoi s'exposer quand on est si bien installé dans le paysage économique et médiatique ? Dès lors, c'est la politique émolliente du dépassement des clivages qui s'applique, laquelle suppose nécessairement un contournement de la lutte des classes. Il suffit d'un rapide détour par le premier quinquennat d'Emmanuel Macron pour s'en convaincre.

Alors que la mobilisation des Gilets Jaunes ouvre une séquence insurrectionnelle fin 2018 autour de la taxe carbone, donc de la question écologique et sociale, les ONG ramènent la contestation dans les codes pacifiés du tribunal administratif, avec le recours juridique contre l'État pour inaction climatique, brandé « l'Affaire du Siècle » et porté sur YouTube par quelques vedettes de cinéma, comme Marion Cotillard ou Juliette Binoche. Lorsqu'une tentative de marche unitaire est lancée en septembre 2019 pour donner corps au slogan « fin du monde, fin du mois, même combat », Greenpeace appelle unilatéralement à quitter les rangs dès les premiers lacrymos, symbole du hiatus infranchissable entre l'insurrection populaire et l'environnementalisme

Elles ne savent pas combattre sur leurs propres bases, d'autant plus qu'elles n'en ont plus vraiment l'ambition. Pourquoi s'exposer quand on est si bien installé dans le paysage économique et médiatique ?

des faubourgs : les violences policières, pour les gueux, mais pas pour eux. Dans la foulée, Emmanuel Macron lance la Convention citoyenne pour le climat, histoire de remettre la contestation sous cloche. Les ONG applaudissent, trop heureuses d'être conviées à des palabres feutrées au sein du Palais d'Iéna.

Puis survient la pandémie de Covid 19 et la suspension momentanée du paradigme néolibéral. Plutôt que d'affirmer une écologie profondément anticapitaliste, les patrons d'ONG lancent des alliances par le haut avec les vieux syndicats productivistes du pays, en l'occurrence la CGT en ce qui concerne Greenpeace, dont le duo impromptu est mis en scène au sein de « *Plus jamais ça* ». Cette coalition d'ONG et de syndicats née en janvier 2020 promet de « *se donner l'opportunité historique d'une remise à plat du système* » et « *construire* [le] *jour d'après* ». Ce que d'aucun vante comme une métamorphose de l'environnementalisme n'est en fait qu'une manœuvre conservatrice. En effet, ces alliances servent, essentiellement d'ombrelle aux patrons d'ONG pour ne pas avoir à assumer la charge de devenir anticapitaliste *pour de vrai*. Leurs revendications sont molles - le directeur de Greenpeace a d'ailleurs beau jeu de rappeler que « *ce n'est pas une approche décroissante* ». Les mesures portées en externe ne sont généralement pas appliquées en interne. En outre, ce ne sont pas les salariés - ni *a fortiori* les syndiqués - qui prennent publiquement la parole pour *Plus jamais ça*, mais bien les patrons. Aucune culture commune n'est ainsi construite : les permanents de l'environnement ne vont pas s'établir à l'usine, aucun syndicaliste du monde ouvrier ne passe la porte de Greenpeace pour former le staff à la lutte syndicale contre la violence patronale. Au contraire, l'étiquette syndicale fournie par ces alliances permet simplement à des patrons de gauche de passer pour des syndicalistes et d'aborder la question sociale dans un cadre institué et rassurant, plutôt que dans le bruit et la fureur de l'insurrection. Dialogue avec le pouvoir, marches pacifiques, apartisanisme effarouché, réformisme soporifique : syndicats et ONG ne partagent-ils pas la même grammaire capitularde ?

> La spécialisation de l'environnement comme champ de controverse séparé – de la lutte des classes – a permis d'attirer de nombreux capitaux, sources de croissance. Les collectifs militants ont ainsi cédé la place à des bureaucraties pérennes.

Enfin, alors qu'un nouveau rapport apocalyptique du GIEC rythme la campagne présidentielle de 2022 et que l'extrême droite se trouve une nouvelle fois aux portes du pouvoir, les ONG refusent mordicus de prendre position en faveur d'un candidat, ni même d'appeler les abstentionnistes au vote. Pour les adeptes du plaidoyer, même un bulletin de vote est trop clivant. Quant au traditionnel « décryptage » des programmes, il doit rester neutre : il nous est donc ordonné de toujours placer Yannick Jadot et Jean-Luc Mélenchon sur le même plan dans nos communications, même quand celui-ci s'envole dans les sondages. Et de ne parler que des programmes *stricto sensu*, comme ça, à titre purement informatif. Les belles alliances syndicales sont mises en sommeil, les deux millions de signataires de l'Affaire du Siècle immobilisés. Ne surtout pas contribuer à l'émergence d'un front populaire complété par la société civile. L'esprit de chapelle domine et les ONG se considèrent au-dessus des vicissitudes électorales. Tout le monde connaît la suite : Jean-Luc Mélenchon échoue au premier tour à environ 400 000 voix, Emmanuel Macron est réélu face à Marine Le Pen. En interne, les petits chefs récusent la rhétorique du « vote utile » à gauche, au prétexte que Jean-Luc Mélenchon aurait toutes les chances de perdre au second tour face à Macron. L'écologie bourgeoise s'accommode bien de l'ombre fasciste. C'est donc en toute logique que les ONG historiques deviennent inaudibles lors de ce second mandat, condamnées

à faire de la figuration à force de laisser passer les trains de l'histoire. Comment en est-on arrivé à un tel niveau de compromission et d'insignifiance ? À une dépolitisation si vertigineuse ?

LA MOLLESSE DES ONG A DES EXPLICATIONS SOCIOLOGIQUES

Tout d'abord, même les ONG dites radicales défendent un corpus de demandes conforme aux développements néolibéraux du capitalisme : les taxes pigouviennes régressives (comme la taxe carbone) qui font payer aux classes populaires les pots cassés par la bourgeoisie ; le principe pollueur-payeur qui permet au bon payeur de bien polluer ; les engagements volontaires des grandes entreprises qui professionnalisent le *greenwashing* et légitiment l'extension de l'économie de marché dans un contexte de dérégulation générale ; ou encore les écogestes qui dissolvent la réalité systémique de l'enjeu écologique dans une assignation individuelle aveugle aux différences de conditions sociales. Un registre qui reste d'ailleurs aujourd'hui prépondérant, comme en témoigne le nombre de pages web dédiées à cette approche par Greenpeace, le WWF, la FNH, la FNE ou encore Oxfam. Greenpeace a même lancé une campagne active de sensibilisation aux écogestes à base de vidéos YouTube, où un *wanna be* influenceur nous explique comment faire un « barbecue écolo » ou « se rafraîchir sans mettre la clim ». Elle produit également des guides en série pour améliorer son « empreinte carbone », apparemment peu gênée de colporter un catégorème inventé en 2004 par une agence de relations publiques pour la *British Petroleum.* Plutôt que de s'engager en faveur des réfugiés climatiques, un statut juridique qui reste à imposer, elle propose aux bobos de télécharger « 41 idées de voyages écologiques ».

Une rapide analyse sociologique de la façon dont sont structurées les grosses ONG permet également d'éclairer leur impuissance. La spécialisation de l'environnement comme champ de controverse séparé – de la lutte des classes – a permis d'attirer de nombreux capitaux, sources de croissance. Les collectifs militants ont ainsi cédé la place à des bureaucraties pérennes. Une phase de *professionnalisation* a eu lieu, avec l'émergence du militant professionnel, à laquelle a succédé une phase de *technocratisation,* avec l'adoubement des experts – d'un thème ou d'une tâche. Cette évolution coïncide avec une concentration du pouvoir au niveau de la direction. Pour assurer ses assises dans une bureaucratie grandissante, elle a dû s'entourer d'un management intermédiaire, soit d'une sous-bourgeoisie courtisane, dédiée à la circulation verticale du pouvoir. À ce moment-là, ce n'est plus l'engagement ou la compétence qui font les carrières, mais la loyauté au chef. L'esprit féodal règne et le principe de Peter[2] se met en place : « *Dans une hiérarchie, tout employé a tendance à s'élever à son niveau d'incompétence* », si bien que, « *avec le temps, tout poste sera occupé par un employé incapable d'en assumer la responsabilité* ».

Dans les ONG, le principe de Peter est redoublé par le « syndrome du patron de gauche[3] » : de gauche dans le discours, mais patron dans les actes, il se camoufle derrière un management de la dissonance cognitive, où les liens de subordination réels sont escamotés par « la majesté de cause » ; malgré l'aspect pyramidal de ces bureaucraties et les inégalités matérielles et symboliques qui les structurent, on vend la fable de la grande famille. Toute conflictualité qui problématiserait les intérêts du management est disqualifiée au nom du principe de bienveillance (de non-violence). Dans une enquête du *Monde* publiée le 3 octobre 2023, intitulée « Greenpeace France, une entreprise comme les autres, avec surcharge de travail et climat social difficile », une salariée témoigne : « *On est embauchés car on est des personnes vindicatives, qui veulent agir… Mais dès qu'on fait remarquer quelque chose en interne, on nous agresse et nous fait comprendre qu'on est des privilégiés par rapport à d'autres assos.* » Résultat : la lutte des classes se trouve étouffée, ce qui aboutit à une sous-politisation du quotidien, des souffrances et des dysfonctionnements en cascade et, *in fine*, une dévitalisation du collectif. Aussi n'est-ce pas un hasard si la critique du capitalisme n'a pas vraiment le droit de cité dans cette organisation : cela reviendrait à tendre un miroir féroce qui pourrait déranger quelques privilèges tranquilles.

Cette fossilisation se trouve redoublée par le management de démobilisation mise en œuvre par les instances de contrôle : si l'on vous prie de bien vouloir accepter votre sort interne comme un militant, on vous interdit en revanche d'exhiber des appétits militants en externe, où il faut être un expert parcimonieux et pondéré. Pourquoi ? Parce que des structures comme Greenpeace ont désormais tant à perdre qu'elles ont développé une aversion au risque indécrottable. Et parce que l'*habitus* militant comporte une forme d'insubordination et d'absolu qui cadre mal avec l'autoritarisme intrinsèque d'une bureaucratie bourgeoise. Il ne faudrait pas défier la hiérarchie par trop-plein d'activisme. Le management intermédiaire sert donc essentiellement à couper les ailes des profils trop militants, à les dissuader de croire en ce qu'ils font.

Difficile de devenir un bastion révolutionnaire lorsque l'on a intégré et normalisé le lien de subordination au principe du capitalisme. En réalité, le système fait partie des ONG. Elles préfèrent donc s'accommoder de la situation et se ranger du côté du *statu quo*. Comme le dénonce l'écrivaine et militante indienne Arundhati Roy, « *les ONG émoussent les angles de la résistance politique. Elles forment une sorte d'amortisseur entre le gouvernement et le public, entre l'Empire et ses sujets* ». Les ONG sont devenues des dispositifs contre-insurrectionnels. En se complaisant dans l'entre-soi mondain tout en cultivant un reliquat d'influence, elles encombrent aujourd'hui le champ militant.

Contrairement aux vieilles ONG, les militants sont pourtant l'avenir de l'écologie. À mon sens, nous devons *commencer* toute chose par une analyse sérieuse du capitalisme contemporain pour en déduire des stratégies *profondément* et *sérieusement* anticapitalistes. L'écologie doit sortir de l'esprit boutiquier dans lequel elle s'est engluée par confort, pour rejoindre le front commun dressé contre le bloc capitaliste, soit devenir réellement intersectionnelle : féministe, antifasciste, anticolonialiste, anti-impérialiste et populaire. Elle doit rejoindre les rangs de la politique générale et *prendre parti*. Cela implique de couper les ponts avec le bloc capitaliste et de sortir de la grammaire stérile du « dialogue constructif » avec la classe dominante. Il est grand temps que le mépris de classe change de camp – y compris au sein des ONG. Car ce ne sont pas les défaites qui découragent, mais la retenue. Elle doit également sortir des logiques délétères de la société du spectacle, surpasser les simples objectifs de visibilité pour viser la transformation réelle du monde en lui donnant un contenu humain et matériel. En suivant cette logique, les Soulèvements de la Terre parviennent par exemple, par une montée en généralité, à *politiser* des luttes locales dotées d'une substance empirique. Enfin, l'écologie doit accepter de cliver vigoureusement et *victorieusement*, plutôt que de se complaire penaude dans un discours consensuel. Sans quoi elle se condamne à demeurer la valeur refuge d'une social-démocratie défunte et le sauf-conduit d'une conscience petite-bourgeoise suffisante, funeste clownerie au milieu des décombres. ■

1 Greenpeace France a d'ailleurs été condamné aux prud'hommes en octobre 2023, pour licenciement abusif, dans une autre affaire.

2 Cette théorie est développée par Laurence J. Peter et Raymond Hull dans le livre *The Peter Principle*, publié en 1969.

3 Lire à ce sujet l'excellent essai d'Arthur Brault Moreau, *Le Syndrôme du patron de gauche - manuel d'anti-management*, éditions Hors d'Atteinte.

ON A **JOUÉ**

« THE STANLEY PARABLE : ULTRA DELUXE (2022) » : QU'ALLEZ-VOUS FAIRE, EMPLOYÉ 247 ?

Il y a une dizaine d'années, en 2013, sortait un jeu indépendant qui surprit son monde : *The Stanley Parable*. Le joueur y incarne Stanley, un employé de bureau zélé (« employé n°247 ») qui tapote sur son ordinateur à longueur de journée. Un matin, celui-ci découvre que tous ses collègues ont disparu et que l'entreprise est vide. Que va t'il faire ? Un narrateur indique les actions futures de Stanley (prendre la porte de droite plutôt que la gauche etc.), que le joueur est libre (vraiment ?) ou non de suivre... Brillant et hilarant, le jeu proposait une réflexion sur l'illusion du choix.

La nouvelle version ironiquement appelée « Ultra Deluxe » – qui reprend le jeu de base tout en proposant de nouveaux axes d'autodérision - va plus loin et actualise le questionnement sur le jeu vidéo à l'aune des nouvelles conditions de l'industrie : la monétisation à outrance, la franchisation, les promesses de « nouveaux contenus »... Elle se moque de manière très drôle d'un secteur capitaliste qui semble désormais incapable d'innover et de créer, qui préfère toujours limiter son risque, épuisant les joueurs et les créateurs avec des remasters et remakes insipides à la chaîne.

Disponible sur ordinateurs et consoles (Nintendo Switch, Playstations 4 et 5, XBox One, et Series X/S)

Rob Grams

ON A **VU**

« BLOCKBUSTER » : LE SPECTACLE VIVANT QU'ON AIME !

Blockbuster du Collectif Mensuel est l'exemple, devenu rare, d'un type de spectacle vivant que nous affectionnons à Frustration, c'est-à-dire un spectacle grand public, familial, joyeux et anti-élitiste, drôle et radical.

Dans cette pièce qui joue sur le détournement, des extraits de 160 blockbusters américains ont été découpés, remontés pour créer un nouveau film parodique, film dont la totalité des sons (bruitages et dialogues) sont recréées en direct. Le résultat est à la fois hilarant et malin, l'œuvre n'hésitant pas à appeler au sabotage et à l'insurrection. En effet on y suit l'histoire de Mortier, capitaliste président de la Fédération des Entreprises, tentant de contrer la mise en place d'une taxe sur les transactions financières. Celui-ci va faire face à une journaliste voulant dénoncer les pratiques de corruption et... à une révolte populaire de grande ampleur.

La troupe a déjà réalisé plus de 300 représentations en Belgique et en France au cours des dernières années, et va poursuivre son aventure pour encore environ 2 ans. Celle-ci n'a jamais joué à Paris intra-muros et se rend volontiers dans les petites et moyennes villes (Amiens, Quimper, Blois, La Rochelle, Périgueux...). Vous pourrez trouver leurs prochaines dates sur leur site : www.collectifmensuel.be/agenda

Rob Grams

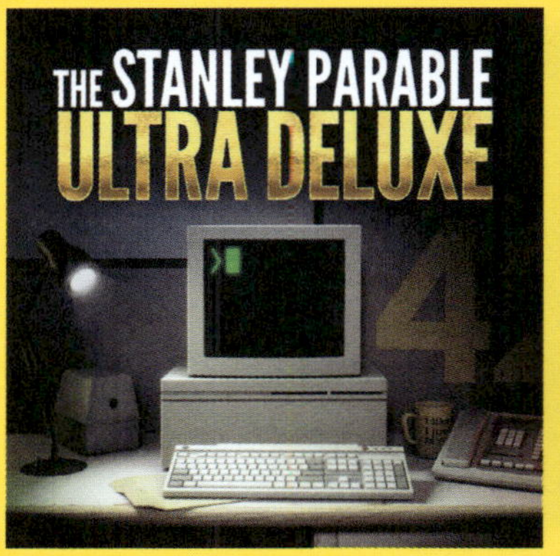

UNE ENQUÊTE

LE SABOTAGE,

Depuis un an environ, les grands médias s'emballent autour d'une tendance selon eux inquiétante et dangereuse : le « *quiet quitting* », ou « démission silencieuse », se serait emparé de nombre de travailleurs dans le monde, qui s'impliqueraient moins dans leur travail voire, comble de l'horreur, s'en tiendraient strictement aux horaires définis sur leur contrat de travail. « *Apparu sur TikTok, le #quietquitting prend de plus en plus d'ampleur et dépasse désormais les 65 millions de vues. Que révèle cette tendance ?* » s'interroge le *Figaro*. Quant au *Monde*, on sait vers qui va son empathie, lui qui titre : « *Les DRH confrontés au phénomène insidieux du "quiet quitting"*. » Cette tendance s'inscrit pourtant dans une tradition plus que centenaire, longtemps promue par le mouvement ouvrier et tombée en déshérence, au profit de formes de résistance plus instituées comme la grève ou, nettement moins efficace, le « dialogue social » entre « partenaires sociaux ». Pourtant, la résistance à la performance au travail, au dépassement de soi, aux heures supplémentaires, voire à l'enthousiasme forcé que les managers aiment nous voir adopter, est très efficace, et permet de réduire l'exploitation au travail, de retrouver sa dignité face à l'arbitraire patronal voire de trouver la force d'aller plus loin : le sabotage au travail, ou une façon possible de reprendre le pouvoir sur son travail et, à terme, de changer la société.

DE NICOLAS FRAMONT

LA (PAS SI) NOUVELLE RÉSISTANCE AU TRAVAIL

« Mes responsables ce ne sont pas mes responsables, ce sont les responsables de l'organisation du travail. Moi, je fais ce que je veux : on ne me donne pas d'ordres, en fait, on me donne des tâches. Et on ne me les donne pas, on me les demande ! ». Du haut de ses 135 000 abonnés sur Tik Tok, Zak donne ses conseils pour ne plus être soumis et déprimé au travail. Lui qui se définit dans sa bio comme une « Bad bitch à temps plein » multiplie les vidéos, à la demande de ses followers, pour conseiller de prendre un arrêt maladie quand ça ne va pas, comment se comporter avec ses chefs, comment se faire respecter. « *Sache que moi aussi avant j'étais une moutonne Marine* » répondait-il, il y a quelques semaines à une follower. Et de raconter comment, pendant des mois, il s'est donné à fond pour son boulot de vendeur, sans réussir à obtenir le moindre changement d'horaire (il faisait les fermetures tous les jours et n'en pouvait plus). C'est en cessant de faire du zèle et en multipliant les arrêts maladies qu'il a fini par obtenir ce qu'il voulait. « *Quand on travaille comme des esclaves vous dites tout le temps non, mais quand on vous fait chier vous dites oui !* »

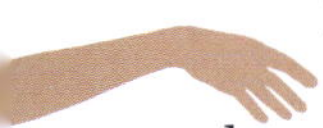

Il n'est pas le seul à parler de son travail sur Tik Tok. Selon les journalistes effrayés par le « *quiet quitting* », ce mot d'ordre serait venu du réseau social et toucherait donc son public, les moins de trente ans. Pour ma part, je suis désormais spammé par ces vidéos-là, en alternance avec des tutos musculation (« tu veux avoir des abdos de rêve ? Alors suis mes 3 conseils ! ») et des recettes de cuisine. Elles sont arrivées peu après la découverte d'un livre, un classique du mouvement ouvrier depuis tombé en déshérence : *Le Sabotage*, par Émile Pouget.

LE SABOTAGE, OUTIL DE LUTTE OUBLIÉ

Émile Pouget était un secrétaire général de la CGT au début du siècle passé. À l'époque, la CGT avait une orientation anarcho-syndicaliste : elle prônait la grève comme moyen d'instaurer un rapport de force avec le patronat pour obtenir une amélioration de la condition des travailleurs, comme la journée de 8 h, mais aussi pour aller vers une révolution sociale. Mais la grève n'était pas le seul mode d'action encouragé par la CGT. Le sabotage en faisait également partie. Comme le montre Victor Cachard dans son *Histoire du sabotage*, l'imaginaire actuel du sabotage repose davantage sur son usage militaire, notamment durant la résistance aux nazis. Quand on pense sabotage, on pense destruction de voie de chemin de fer, explosion de bombes, etc. Mais à l'origine, le terme avait une signification plus accessible à n'importe quel travailleur : il s'agissait de travailler plus lentement, de ralentir le rythme, de ne faire que le nécessaire. Mais cela pouvait aller plus loin. Émile Pouget évoque plusieurs exemples de travailleurs qui ont enrayé la production en détournant ou abîmant leurs outils : les coiffeurs de Paris, entre 1903 et 1906, ont mis en œuvre des campagnes de « badigeonnage » des boutiques, c'est-à-dire de dépôt d'un shampoing amélioré par leurs soins (avec des œufs) sur les devantures, pour finir par obtenir un jour de fermeture et de repos hebdomadaire. Ou encore les boulangers dont l'un des modes d'action était de s'en prendre aux pétrins ou bien de réaliser du pain dur et immangeable…

Pour Pouget, le sabotage consistait ni plus ni moins à affirmer une morale de classe : ne pas se tuer à la tâche pour un patron, ne pas se laisser exploiter en faisant le dos rond, ne pas travailler plus que ce pour quoi je suis payé. Pour Pouget, la morale du travail « *est à l'usage exclusif des prolétaires, les riches qui la prônent n'ayant garde de s'y soumettre : l'oisiveté n'est vice que chez les pauvres. C'est au nom de cette morale spéciale que les ouvriers doivent trimer dur et sans rêve au profit de leurs patrons et que tout relâchement de leur part, dans l'effort de production, tout ce qui tend à réduire le bénéfice escompté par l'employeur, est qualifié d'action immorale.* » Saboter, c'est-à-dire au moins traîner des pieds au travail, au mieux empêcher la production en s'en prenant aux outils et à la bonne organisation du travail, est une façon de contrecarrer cette morale de classe, pour en affirmer une autre : ne pas être soumis au patronat et faire du zèle.

L'INJONCTION AU SURTRAVAIL S'EST IMPOSÉE PARTOUT

Or, le sabotage au sens le plus ordinaire du terme, c'est-à-dire ne pas surtravailler, est terriblement d'actualité. En effet, la morale dénoncée par Pouget il y a plus d'un siècle s'est imposée dans toutes les entreprises et imprègne notre société. Les récents débats sur la « valeur travail », invoquée à droite comme à gauche, le montrent, mais pas seulement : dans nombre d'organisations, le surtravail fait partie du fonctionnement normal de la structure. Le zèle n'est pas un petit plus, c'est une exigence de base que les employeurs formulent et contrôlent. De nombreuses stratégies managériales existent pour obtenir des salariés qu'ils donnent le maximum, bien au-delà de ce qui est écrit sur leur contrat de travail. La fixation d'objectif, par exemple, se fait de plus en plus à l'excès. Pour obtenir une prime, il faut désormais « sur-performer », c'est-à-dire dépasser à la fois ses collègues et ses résultats précédents.

Dans l'entreprise Soap&Stuff*, qui possède de très nombreuses marques que l'on trouve dans la grande distribution, les commerciaux et les salariés chargés d'aménager les présentoirs, opérations promotionnelles et de s'assurer que les produits sont toujours bien en vus, sont évalués sur leurs résultats, mais aussi, désormais, sur leur comportement : ils doivent être toujours positifs et ne faire que des critiques constructives (« *une critique suivie d'une proposition positive* », m'explique le DRH lors d'une mission d'expertise dans cette entreprise). Certaines entreprises vont plus loin dans l'incitation au surtravail : elles jouent sur la nécessaire convivialité, celle des « afterworks » et des week-ends d'intégration, et veulent stimuler « l'engagement » des « collaborateurs ».

Comme si nous n'étions là que pour être une bande de potes travaillant ensemble à un objectif commun qui ne serait pas la rémunération des actionnaires ou, dans le secteur public, la prochaine promotion du polytechnicien qui dirige notre entreprise ou politicien qui tient notre agence ou notre ministère.

C'EST QUELQUE CHOSE QUE J'AI TOUJOURS TROUVÉ FASCINANT DANS LES DIFFÉRENTS POSTES QUE J'AI OCCUPÉS : CHACUN MET UN POINT D'HONNEUR À AVOIR L'AIR SURBOOKÉ TOUT LE TEMPS, QUE CELA SOIT RÉELLEMENT LE CAS OU NON.

Certains secteurs sont particulièrement touchés par le phénomène de surtravail et d'injonction à surperformer, pour d'autres raisons : dans l'associatif, chaque salarié est incité à donner le meilleur de lui-même, car les budgets sont limités et la cause noble. Ainsi, pourquoi compter ses heures quand on participe à une action artistique, humanitaire ou politique ? Nos politiques sont les premiers partisans du surtravail de leurs propres collaborateurs parlementaires : à l'Assemblée nationale, l'application du droit du travail reste inexistante et le travail de soir, de nuit ou du week-end est monnaie courante. Ancien salarié dans cette vénérable institution, j'ai fait des semaines de 50 h et du travail nocturne (pour assister mes députés dans le débat parlementaire) pour un contrat à... 39 h. Autant dire que même celles et ceux qui défendent ordinairement les conditions de travail des gens (quand il s'agit de députés de gauche) sont les moins bien lotis et les moins respectueux des conditions de travail.

La surperformance au travail s'est donc imposée partout, qu'elle soit nécessaire ou non. C'est quelque chose que j'ai toujours trouvé fascinant dans les différents postes que j'ai occupés : chacun met un point d'honneur à avoir l'air surbooké tout le temps, que cela soit réellement le cas ou non. On connaît bien sûr le cas du collègue qui ne fait pas grand-chose le matin, mais part tard le soir, mettant en scène, sous sa lampe de bureau, son impérative présence nocturne. Il y a celles et ceux qui s'affairent constamment, sans raison apparente. Et il y a les petits chefs que cette ambiance studieuse et fiévreuse rassure. Frédéric*, manager dans une entreprise de consulting informatique, me racontait comment il avait été contraint d'assister à une formation intitulée « comment créer un sentiment d'urgence » pour améliorer les performances de son équipe. C'est donc ça !

Il faut toujours en faire plus au travail, non pour des raisons d'efficacité, mais, le plus souvent, pour des raisons morales : un bon travailleur du capitalisme est un travailleur qui en fait plus qu'il ne devrait. C'est quelqu'un de « perfectionniste », ce fameux défaut que nous nous préparons tous à citer dans un entretien d'embauche, cette passion à l'ouvrage que nous déclarons tous dans nos lettres de motivation qui est, soit dit en passant, un exercice complètement inutile mais qui a pour intérêt de nous conduire à renouveler, à chaque nouvelle candidature, une déclaration préalable de soumission pour espérer obtenir une déclaration préalable d'embauche.

management parce que c'était arrangeant pour la direction de ne pas recruter en externe quelqu'un de compétent et qualifié (et donc cher), sans formation ni préparation, des heures supplémentaires par centaines non payées, etc. » Sa décision de se mettre au ralenti au travail a été prise assez rapidement : « *Je suis partie en vacances - des vraies comme je n'avais pas vraiment eu/pu avoir depuis des années. Je suis revenue avec une prise de recul et un adage personnel "ce n'est qu'un job, la terre ne s'arrêtera pas de tourner sans toi." Du coup, j'ai arrêté les heures supp gratos, j'ai arrêté d'en avoir quelque chose à faire, d'y mettre du cœur. J'ai fait mon travail - celui pour lequel je n'étais pas cher payée - mais ni plus ni moins. En moins d'un mois, le résultat s'est fait sentir positivement pour moi, j'ai arrêté d'être dépendante émotionnellement d'un travail toxique.* »

LA GRÈVE DE LA PERFORMANCE : FAIRE SON TRAVAIL, NI PLUS NI MOINS

Pour autant, la résistance s'organise, et le mot d'ordre de sabotage façon traîne-savate, que j'appellerais « grève de la performance », se diffuse sur les réseaux sociaux et dans les discussions les plus quotidiennes. Même lorsque l'on est isolé face au monde du travail, nous finissons tous par percevoir que, le plus souvent, le surtravail ne paie pas. Nous n'obtenons ni reconnaissance, ni augmentation, à travailler plus fort. Au contraire : très rapidement, ce zèle est perçu comme une norme, une chose que l'on peut attendre de nous en permanence. En surtravaillant, nous réduisons la valeur et le prix de notre travail.

Sophie* a passé des années à se surinvestir dans son travail « *pour du vent et des pâtes sans beurre à la fin du mois, une propulsion à un rôle de*

« Je fais juste mon travail, rien de plus » : cette attitude finalement logique et cohérente déplaît fortement aux strates managériales qui attendent toujours ce surcroît de travail qui baisse le prix du salarié… Sophie a été convoquée par sa direction, qui n'a rien su répondre à sa posture de cohérence avec son propre contrat de travail.

Laurent* est salarié dans une entreprise informatique. Désormais, il assume clairement en faire le moins possible, et sa vie au travail est parfaitement organisée dans ce sens : « *Parfois, sur mes heures de travail salariées, je travaille en perruque en*

LE PLUS SOUVENT, JE CONSULTE DES PAGES INTERNET OU JE LIS DES FICHIERS PDF OU JE FAIS DES PETITS PROJETS INFORMATIQUES PERSOS. AUJOURD'HUI, SUR MES 8 HEURES DE PRÉSENCE AU BUREAU, JE N'AI TRAVAILLÉ QUE 3 HEURES POUR MON PATRON.

prenant une tâche sur l'une des nombreuses plateformes de micro-jobs en ligne. D'autres fois, je travaille en perruque bénévolement pour le site web d'une association qui me tient à cœur. Le plus souvent, je consulte des pages internet ou je lis des fichiers PDF ou je fais des petits projets informatiques persos. Aujourd'hui, sur mes 8 heures de présence au bureau, je n'ai travaillé que 3 heures pour mon patron. » Le moins que l'on puisse dire, c'est que Laurent a drastiquement réduit l'exploitation au travail : en travaillant moins pour son patron et plus pour lui, il a repartagé la valeur créée ! Le temps qu'il n'accorde plus à son travail, il le consacre à travailler « en perruque ». Ce terme, issu de l'argot ouvrier, désigne le détournement de son travail à des fins personnelles : utiliser les matériaux et les machines de l'entreprise pour son propre usage ou celui d'une autre structure militante, associative, lucrative... En m'apprenant ce mot, Laurent m'a fait prendre conscience que *Frustration magazine* a été, durant des années, réalisé en perruque : sur nos heures de travail, en utilisant les ordinateurs, les imprimantes, les enveloppes de nos jobs mal payés et ennuyeux.

Laurent est-il un flemmard, une sorte de Gaston Lagaffe, ce personnage de bande-dessinée traîne-savate et bricoleur, cauchemar de tout manager control freak ? Pas vraiment. *« Ça fait 8 ans que j'occupe mon poste. J'ai essayé de m'y investir durant les 3 premières années. Finalement, j'ai compris que mes idées ne seraient jamais prises en compte par mon chef. Pour éviter la frustration professionnelle, j'ai alors cessé de m'intéresser à la marche de l'entreprise où je travaille. »* Quel est le secret de Laurent pour parvenir à un tel détachement ? Une bonne éducation : *« Je n'ai pas mauvaise conscience, en partie parce que c'est un héritage : quand j'étais jeune adolescent, j'ai été une fois voir le bureau où travaillait mon père. Il m'a montré dans un placard de superbes enceintes Wifi : il écoutait de la musique classique pendant ses heures de travail. »*

SABOTER POUR FAIRE DU BIEN

Not All Heroes Wear Capes *(tous les héros ne portent pas de capes)* : le 24 janvier 2023, la fédération CGT de l'énergie annonçait des actions de passage en heures creuses des boulangers marseillais frappés de plein fouet par l'explosion du prix de l'électricité. Ces actions « Robins des Bois » sont illégales et peuvent faire perdre son travail à l'agent EDF qui s'y risque. Mais, revendiquées par un syndicat tout entier, elles ont retrouvé ces dernières semaines une réelle légitimité. Il s'agit là d'aller dans le dur du sabotage, mais avec comme objectif de favoriser les clients ou les usagers.

C'est ce à quoi s'emploie depuis longtemps Véronique*, secrétaire médicale, qui a bien voulu me raconter, de façon anonyme, ses actions préférées, dont la liste est impressionnante : elle fait annuler les dettes des patients les plus précaires, en inscrivant une mention « dette annulée » dans le logiciel du cabinet, elle ne rappelle pas les personnes précaires pour les rappels de facture... Mais elle fait également un travail méthodique

pour faire en sorte que les médecins s'impliquent dans le soin et dans le suivi des patients. Pour cela, Véronique m'a détaillé des procédés qu'on ne diffusera pas pour sa propre protection. L'un est particulièrement plaisant, pour toutes celles et ceux qui se sont régulièrement fait bolosser pour obtenir un rendez-vous : « *Je dis oui aux personnes qui appellent au dernier moment pour une consultation et je les rajoute le soir afin de dire aux médecins "j'ai fait comme la dernière fois quand vous aviez pu prendre A à cette heure-ci".* » Le A en question, m'explique Véronique est « *leur pote qui a les moyens* ».

Zoé*, quant à elle, cherche à agir différemment du cadre procédurier imposé par la bibliothèque municipale où elle travaille : « *Mes collègues ont souvent une forte tendance à jouer les fonctionnaires tatillons façon "premiers de la classe". Par exemple, en faisant du zèle pour des procédures d'inscription, emprunts, etc… à mon petit niveau, quand je n'ai personne pour regarder derrière mon épaule, j'accorde la gratuité totale des emprunts aux personnes aux minimas sociaux, même si elles n'ont pas de justificatifs sur elles.* » Une pensée émue pour les nombreux conseillers Pôle emploi qui, en scred, n'appliquent pas les normes de plus en plus drastiques poussant des demandeurs d'emploi à perdre leurs allocations (quant aux autres : vous vous y mettez quand ?).

LA GRÈVE DU ZÈLE : APPLIQUER LES PROCÉDURES ABSURDES POUR LES DÉNONCER

La grève du zèle consiste à appliquer strictement les procédures, les consignes, les règles, pour les dénoncer ou simplement ralentir la production. En effet, ces règles étant conçues d'en haut, loin du travail réel, voire carrément par des personnes extérieures aux entreprises ou administrations, comme les fameux cabinets de conseil, elles sont souvent inapplicables. Parfois, ce sont des injonctions qui sont en inadéquation avec la réalité du terrain. C'est ce qu'a expérimenté Idris* dans la boutique de jeux vidéo où il travaillait : « *La direction nous harcelait - littéralement - pour que nous fassions les précommandes des gros titres à venir, ce qui était fort inconfortable, car ça nous obligeait à harceler à notre tour les clients. Et s'ils disaient non… On ne pouvait rien y faire ! Mais selon la direction, c'était notre faute, tant qu'on n'avait pas atteint leur quota minimum, on se faisait engueuler. Notre responsable nous a donc encouragés à faire de fausses précommandes, il en faisait d'ailleurs lui-même. Et à force, la direction a été satisfaite ; j'insiste, "gruger" était le seul moyen d'atteindre les chiffres absurdes qu'ils exigeaient. Sauf que, conséquence cocasse : nous avons ensuite reçu les stocks des jeux précommandés. En adéquation avec le nombre de précommandes. Donc un stock absurdement élevé et quasiment impossible d'écouler, ce qui a bien fait transpirer notre responsable.* »

La grève du zèle peut aboutir à des résultats encore plus significatifs. C'est la belle histoire que m'a racontée Christophe, salarié dans

À MON PETIT NIVEAU, QUAND JE N'AI PERSONNE POUR REGARDER DERRIÈRE MON ÉPAULE, J'ACCORDE LA GRATUITÉ TOTALE DES EMPRUNTS AUX PERSONNES AUX MINIMAS SOCIAUX, MÊME SI ELLES N'ONT PAS DE JUSTIFICATIFS SUR ELLES.

l'aéronautique : avec ses collègues, il « f*abriquait les pièces les plus parfaites possibles, on était ultra pointilleux. Le truc, c'est que ça niquait les cadences, ce qui prime sur la qualité au final. Mais la direction ne pouvait pas vraiment dire quoi que ce soit, car elle fait toujours croire que la qualité prime : or nos pièces, c'était de l'orfèvrerie !* » La grève du zèle désarme des directions qui sont prises à leurs propres pièges : elles ne peuvent pas reprocher aux salariés d'appliquer les consignes ou de bien travailler. Elles sont prises dans leur propre contradiction du discours managérial si répandu de nos jours : « Faire mieux avec moins, et vite ! ».

LE SABOTAGE COMME ARME DE RÉSISTANCE AUX INJUSTICES

Durant la Seconde Guerre mondiale, le sabotage est devenu une méthode militaire, destinée à désorganiser les nations ennemies. Le *Manuel de sabotage simple sur le terrain* est un guide publié en 1944 par les services de renseignement britannique à destination des résistants et des agents de terrain. Il s'avère qu'encore aujourd'hui, c'est un joli petit mode d'emploi du sabotage, notamment au travail. Jugez par vous-même : une partie du manuel comporte des modes d'action destinés à tout ralentir, notamment le transport comme attribuer une même place à plusieurs personnes dans un train, pour provoquer des retards ; dans les usines, il s'agit de placer des outils au mauvais endroit, pour qu'ils soient plus difficiles à trouver. Retourner les panneaux directionnels le long des routes pour ralentir les trajets et créer des embouteillages...

Mais ce sont surtout les actions de désorganisation collectives qui sont les plus amusantes et applicables à une entreprise : dans une réunion, « *parler fréquemment et longtemps en illustrant les différents points par des anecdotes ou des expériences personnelles, et mettre en avant, aussi souvent que possible, des problèmes sans conséquences.* » Bon, ça n'échappera à personne que cette technique relève le plus souvent de l'auto-sabotage inconscient, largement pratiqué par des militants politiques ou des syndicalistes durant des réunions de section. Tout comme « *chipoter sur les mots précis de toutes les communications, comptes-rendus et résolutions* », autre conseil de ce manuel. Si on vous disait, en 1944, que c'était une chouette méthode pour désorganiser l'ennemi, merci de ne pas l'infliger à votre propre camp ! Passons à la recommandation suivante : « *Tout renvoyer à des comités pour une étude approfondie et tenter à chaque fois de réexaminer les décisions prises dans les réunions précédentes* »... Zut, encore une méthode de sabotage que tout le monde utilise en croyant bien faire ! Suivante : « *Miner le moral en offrant des promotions au personnel incompétent* »... Incroyable : on découvre en lisant ce manuel qu'il est appliqué à la lettre par les directions de n'importe quelle entreprise française, privée comme publique ! Mon ami Darren, citoyen britannique

de son état, m'a donné une explication de l'acuité de ce manuel : « *Les auteurs de ce guide ont dû simplement s'inspirer de leur propre institution avec des chefs et collègues qui plombaient leur travail !* »

« PARLER FRÉQUEMMENT ET LONGTEMPS EN ILLUSTRANT LES DIFFÉRENTS POINTS PAR DES ANECDOTES OU DES EXPÉRIENCES PERSONNELLES, ET METTRE EN AVANT, AUSSI SOUVENT QUE POSSIBLE DES PROBLÈMES SANS CONSÉQUENCES »

MANUEL DE SABOTAGE SIMPLE SUR LE TERRAIN, SERVICES SECRETS BRITANNIQUES, 1944

Je ne sais pas si Cédric a lu ce manuel, mais les méthodes appliquées par lui et ses collègues sont nettement plus directes : « *Dans une petite entreprise d'informatique, où les patrons étaient assez débiles pour se mettre à dos l'ensemble de l'équipe, on a commencé à résister en multipliant plein d'actions mesquines. On a pété le store dans le bureau du boss pour qu'il se prenne le soleil dans la gueule toute l'aprem, bloqué les roues de son siège. Un type remplissait la machine à café du boss avec l'eau de la cuvette des chiottes tous les matins. Une autre personne mettait des bugs intentionnellement dans le logiciel quand il devait y avoir une présentation juste pour qu'il soit ridicule devant les clients potentiels.* » Cédric et ses collègues ont pratiqué allégrement la grève du zèle : « *Je ne compte pas le nombre de fois où on a exécuté les ordres débiles du patronat le sourire aux lèvres parce qu'on savait que ce serait naze.* » Mais avant tout, il s'agissait de se protéger d'un management toxique. Ainsi, la messagerie interne a été détournée par les salariés pour pouvoir consulter les mails de la direction et ainsi être capable de réagir à l'avance à des annonces de licenciement collectif... Et ainsi être mieux armés pour y faire face.

DU SABOTAGE À LA REPRISE EN MAIN DE SON TRAVAIL

Dans « Discount », un film de Louis-Julien Petit, sorti en 2013, avec Corinne Masiero, les salariés d'un supermarché décident de récupérer les invendus jetés aux ordures pour lancer leur propre épicerie solidaire et coopérative. Par un certain nombre de stratégies de détournement de leur outil de travail, ils retrouvent leur dignité et leur utilité sociale à travers cette expérience collective. Ce film montre la joie de travailler ensemble à transformer son emploi en autre chose, qui a du sens !

Ça n'aura échappé à personne que le capitalisme attaque le sens que l'on peut donner à notre travail. Par conséquent, de plus en plus de gens sont dégoûtés par leur propre travail. La démission est une réponse de plus en plus répandue, tant il devient impossible de résister à l'absurdité des processus et la féodalisation des relations de travail, c'est-à-dire le fait que, les règles collectives sont de plus en plus remplacées par des rapports de pouvoir arbitraires où c'est votre relation avec tel chef qui déterminera votre évolution... Pour faire face à cette perte de sens, nous tentons souvent, dans notre coin, de nous reconvertir pour trouver une place plus vertueuse dans la société... mais les places sont chères, car cette quête de sens est devenue un nouveau marché.

Face à cet état de fait, les démarches individuelles sont insuffisantes. N'est-ce pas justement le bon moment pour refaire du sabotage collectif un axe de lutte central pour les classes laborieuses ? Ralentir la production, refuser le surtravail, désorganiser les actions néfastes (si vous travaillez pour une entreprise pollueuse par exemple), dénoncer les agissements de sa direction et enfin détourner les outils et l'organisation du travail pour faire autre chose : à la fois une façon, individuellement, de retrouver sa dignité et, collectivement, de résister et de reprendre le pouvoir sur son travail... Alors, on commence quand ? ■

Mise à jour des articles sur le sabotage au travail publiés le 1er et le 6 mars 2023

* Les prénoms ont été modifiés.

MOTS CACHÉS

16 MOTS ET NOMS SONT CACHÉS…
SAURAS-TU LES RETROUVER ?

U K D S T M S Z J I B A M X
V A A A F S Y R J A U C S J
D I V I D E N D E S R T O B
G R C N L X D G P A N I C T
S A O T J I I R L A - O I R
V M L E X S C È A G O N A A
W R L - L M A V N O U N L N
Z W È S R E T E È F T A I S
Z T G O E O S R T E R I S F
S O U L E V E M E N T R M U
H I E I B A R B A R I E E G
D C S N M A C H I N E S Z E
W E T E L M A R S E I L L E
S O L I D A R I T É R E T M

SOLUTIONS

ACTIONNAIRES
BURN-OUT
DIVIDENDES
MACHINES
PLANÈTE
SEXISME
SOLIDARITÉ
SYNDICATS
BARBARIE
COLLÈGUES
GRÈVE
MARSEILLE
SAINTE-SOLINE
SOCIALISME
SOULEVEMENT
TRANSFUGE

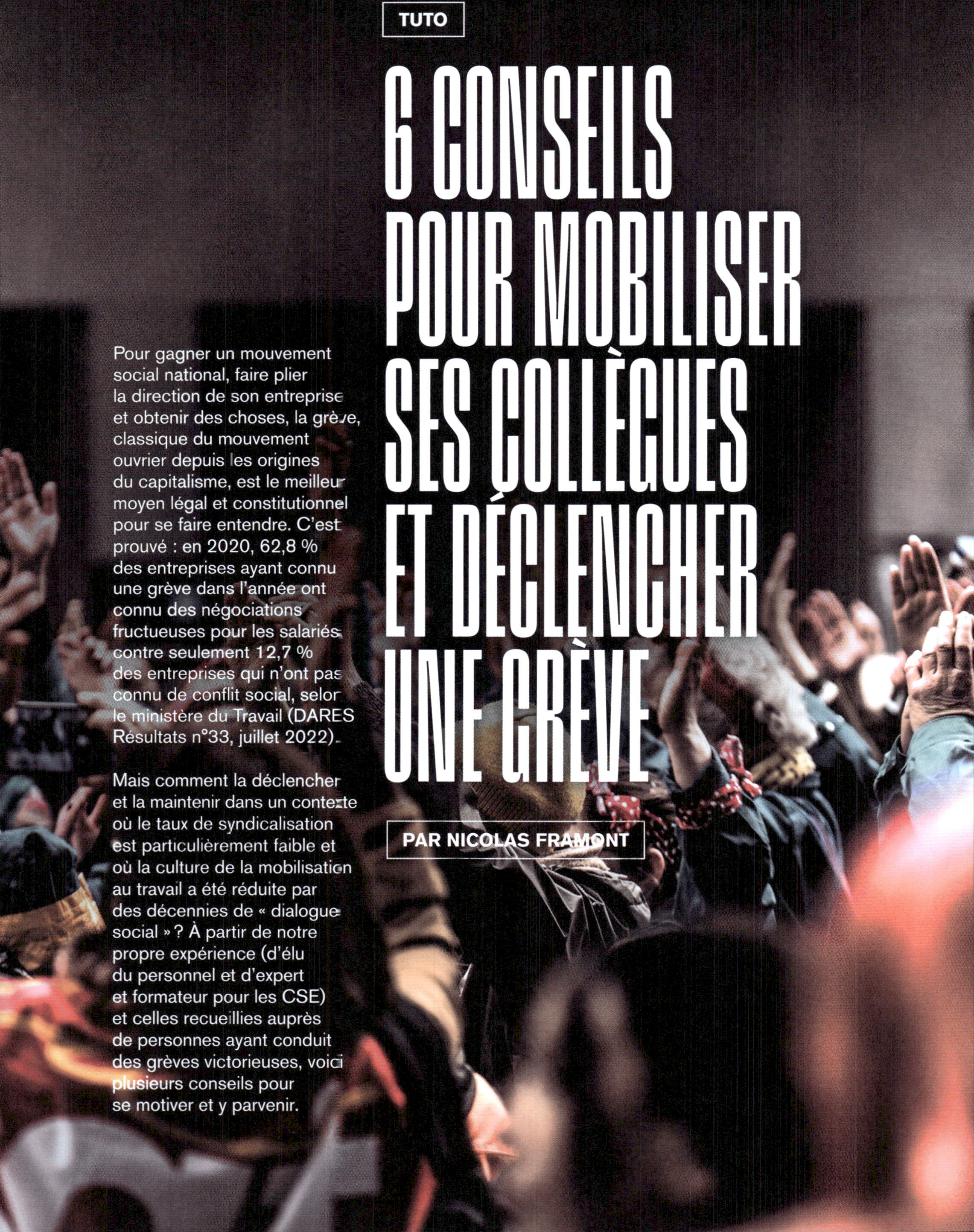

TUTO

6 CONSEILS POUR MOBILISER SES COLLÈGUES ET DÉCLENCHER UNE GRÈVE

PAR NICOLAS FRAMONT

Pour gagner un mouvement social national, faire plier la direction de son entreprise et obtenir des choses, la grève, classique du mouvement ouvrier depuis les origines du capitalisme, est le meilleur moyen légal et constitutionnel pour se faire entendre. C'est prouvé : en 2020, 62,8 % des entreprises ayant connu une grève dans l'année ont connu des négociations fructueuses pour les salariés contre seulement 12,7 % des entreprises qui n'ont pas connu de conflit social, selon le ministère du Travail (DARES Résultats n°33, juillet 2022).

Mais comment la déclencher et la maintenir dans un contexte où le taux de syndicalisation est particulièrement faible et où la culture de la mobilisation au travail a été réduite par des décennies de « dialogue social » ? À partir de notre propre expérience (d'élu du personnel et d'expert et formateur pour les CSE) et celles recueillies auprès de personnes ayant conduit des grèves victorieuses, voici plusieurs conseils pour se motiver et y parvenir.

1 – EN AMONT DE LA GRÈVE, CRÉER UNE COMMUNAUTÉ D'APPARTENANCE

Il y a fort à parier que si vous ne vous adressez à l'ensemble de vos collègues que pour lancer, la veille d'une journée nationale, une grève, peu vous suivront. L'expérience montre que c'est le travail de terrain de longue haleine qui paye. Il faut, bien avant une grève, que le collectif de travail soit uni et que sa colère (et ses espoirs) le fédère. C'est une méthode qui, aux États-Unis, se nomme le « *community organizing* » : cela peut sembler étrange de s'inspirer du syndicalisme anglo-saxon, mais ce serait ignorer qu'en ce moment les syndicats américains obtiennent d'importantes victoires sur leur patronat et leur classe dirigeante. Pour le journaliste de *Jacobin* (magazine socialiste états-unien), Cole Stangler, « *les syndicats français ne déploient pas le genre de tactiques d'organisations internes qui sont répandues chez les plus efficaces organisations syndicales aux États-Unis : des entretiens en tête-à-tête pour recruter des nouveaux membres sur le lieu de travail, une évaluation minutieuse du soutien des collègues aux différentes initiatives lancées, renforcer le soutien aux grèves en commençant par des actions de plus faible ampleur etc. (...) En France, les syndicats appellent à la grève, espèrent qu'il est entendu et croisent les doigts* ».

Quand on est syndicaliste ou élu du personnel, on peut être rapidement submergé par la masse de travail. En effet, depuis la réforme du droit du travail de 2017, le nombre d'élus a diminué de 30 %. Les multiples instances où siéger, les réunions à répétition, tendent à éloigner les syndicalistes de leurs collègues. Or, le travail de terrain, qui passe par de multiples interactions individuelles (le droit du travail autorise des élus de CSE ou des délégués syndicaux à se déplacer partout où ils le souhaitent dans une entreprise), des actions ordinaires comme donner un coup de main, conseiller sur une situation, discuter à la machine à café... sont essentielles pour faire de la grève une possible réussite.

C'est ce que recommande Loïc, syndicaliste dans une administration publique : « *Je crois au travail de fond, en amont, au quotidien (dans le bureau, au café, etc.), au travail de semeur de petites graines, souriant et à l'écoute, sans asséner des grandes vérités qui ne parlent pas toujours à des gens pas toujours politisés qui ont le nez dans le guidon* ». Lors de la dernière grève, son service a été le plus mobilisé...

Le monde militant et syndical regorge de folklore, symboles et modes de présentation de soi qui ont une vocation identitaire : il s'agit de s'affirmer face à ses concurrents, de faire référence à une histoire, de rendre hommage aux anciens, etc. Mais pour convaincre autour de soi et gagner, ça ne sert à rien !

Plus vous parlerez depuis une position syndicale ou politique identifiée, moins votre parole sera crédible. Cela tient à la défiance largement répandue envers les syndicats et les partis politiques, qui sont des institutions qui suscitent très peu d'adhésions en France (pour de nombreuses raisons historiques qu'on ne commentera pas ici). Le risque est que l'on vous soupçonne d'agir avant tout pour des raisons liées aux intérêts de votre organisation.

2 – LAISSER SES DRAPEAUX AU PLACARD, ÊTRE UN COLLÈGUE ORDINAIRE

Ranger son drapeau, c'est aussi éviter de parler depuis une position surplombante, comme un militant qui saurait mieux que les autres ce qui est bon pour eux. Rappelons qu'avec le gouvernement que nous avons, c'est ce que nous subissons en permanence. Autant ne pas en rajouter. Cela implique de s'adapter en permanence à son interlocuteur et de ne pas s'en tenir au cliché de la parole syndicale pratiquée dans l'entre-soi des réunions.

Dans le roman *En un combat douteux* (1936), le militant communiste exemplaire décrit par John Steinbeck prône cette approche adaptative et la justifie ainsi : « *Je ne suis pas acteur. Il y a une sorte d'intuition dans la parole. J'ai cette intuition et, tout naturellement, sans effort, sans pouvoir même m'en défendre, je parle à la façon des gens qui m'entourent. Les hommes se méfient de ceux qui ne parlent pas leur langage. Vous pouvez insulter un ouvrier en employant un mot qu'il ne comprend pas.* »

3 – À DEUX, ON EST NOMBREUX

Régulièrement, des lectrices ou lecteurs nous écrivent pour nous dire que sur leur lieu de travail, ils sont seuls à s'intéresser à la situation politique ou à être en colère. Bien sûr que c'est une situation intimidante, mais pas désespérée, loin de là. Un mouvement collectif est toujours initié par quelques personnes. Et bien souvent, une fois que les choses sont lancées, on est surpris : tel collègue qui semblait totalement indifférent à la situation est capable de s'impliquer et d'exprimer ses idées. Tel autre, *a priori* fiable, s'avérera en réalité fuyant et peu actif. Au travail, nous tenons tous des rôles. Les mouvements collectifs viennent faire voler en éclat ces rôles d'apparence et révèlent des capacités et des idées insoupçonnées.

Pour Pierre, syndicaliste dans l'Éducation nationale, il faut « *être sûr de soi et prendre conscience que deux personnes peuvent suffire à impulser une dynamique revendicative si elles font les choses intelligemment* ». Reste à bien choisir son binôme...

Il faut en tout cas se rappeler que les individus sont des relais essentiels d'idées contestataires. Certes, BFMTV nous concurrence, mais ne sous-estimez pas l'impact que l'expression de votre opinion peut avoir sur vos amis, vos parents, vos collègues.

4 – CONNAÎTRE SON COLLECTIF DE TRAVAIL

Gaëtan, syndicaliste dans l'aéronautique, la création d'une section syndicale à son actif, croit beaucoup dans la connaissance du terrain. Dans son usine, il cultive une connaissance forte des différents services et prend le pouls de l'humeur générale avant de prendre une décision. Pour cela, plusieurs moyens existent : discuter avec tout le monde, évidemment, mais aussi, quand c'est possible, faire des enquêtes d'opinion. Il est désormais possible d'accéder à des outils de questionnaire en ligne, comme Framaforms, pour sonder ses collègues de façon anonyme avant de prendre une décision.

Concrètement, lors du lancement d'une grève qui s'est avérée victorieuse, Gaëtan et ses camarades sont allés d'ateliers en ateliers, en commençant par les plus combatifs, de façon à convaincre les moins enthousiastes de suivre la force du nombre. Faire l'inverse aurait été potentiellement désastreux.

Pour Adrien, ouvrier raffineur et syndicaliste, il faut connaître les besoins de ses collègues. « *Pour élargir la grève au plus grand nombre, il faut parler de ce qui touche au plus près les salariés : la retraite et les salaires. Il faut que dans une période d'inflation, on lie les deux, c'est ce qui donne le plus envie aux travailleurs de se mettre en grève, leurs préoccupations immédiates surtout au vu des profits des grandes boîtes, des dividendes.* »

5 – RASSURER SES COLLÈGUES : LA GRÈVE C'EST SIMPLE

À mesure que les intox et exagérations médiatiques se succèdent pour accuser les grèves des pires maux, en les confondant par exemple avec le « blocage » ou, pire, une « prise d'otages », il est parfois important de rappeler que la grève est un mode d'action légal qui ne nécessite pas d'être particulièrement radical. C'est ce qu'a expérimenté Paul* lors de sa première grève, effectuée d'abord en solitaire, puis lors de la seconde, avec plusieurs collègues convaincues. « *Au départ réticentes sur la méthode, elles avaient peur que ce soit compliqué, qu'on leur reproche, que la direction les cuisine sur leurs motivations, etc. Encore une fois, le droit de grève est bien souvent mal connu des salariés eux-mêmes. Je pense que je les ai rassurées sur la facilité de faire grève sans risquer de sanctions. Mais il y a clairement un enjeu autour de la connaissance du droit à faire. Les sympathies sont relativement faciles à obtenir, la mise en action beaucoup moins* ».

La peur ne doit pas être sous-estimée. Les organisations du travail se sont féodalisées, à mesure que le droit est de moins en moins protecteur : il y a toujours un petit chef dont on dépend et que l'on a peur de contrarier. Les grèves sont aussi des instants où l'on apprend à dire non, ce qui n'est pas forcément facile pour tout le monde. Il faut donc être à la fois empathique avec cette peur et aider à la combattre. En la matière, le droit est un allié, en particulier dans le secteur privé.

DANS LE SECTEUR PRIVÉ

Un mouvement de grève peut être déclenché à tout moment.

Les salariés qui veulent utiliser leur droit de grève n'ont pas à respecter de préavis.

Une grève est légale même si elle n'a pas été précédée d'un avertissement ou d'une tentative de conciliation avec l'employeur.

Les salariés ne sont pas obligés de respecter un délai de prévenance avant d'entamer la grève.

L'employeur doit cependant connaître les revendications professionnelles des salariés au moment du déclenchement de la grève.

Les salariés ne sont pas obligés d'attendre le refus de leur employeur de satisfaire à leurs revendications pour entamer la grève.

Le salarié gréviste n'est pas obligé d'informer son employeur de son intention d'exercer son droit de grève.

DANS LA FONCTION PUBLIQUE D'ÉTAT

« La grève doit être précédée d'un préavis.

Le préavis est une information écrite transmise par une ou plusieurs organisations syndicales à l'administration employeur pour l'avertir qu'une grève est envisagée.

Le préavis doit être émis par une ou plusieurs organisations syndicales représentatives au niveau national, dans la catégorie professionnelle ou l'administration ou le service concerné.

Le préavis précise les motifs du recours à la grève, son champ géographique, l'heure du début et la durée limitée ou non de la grève envisagée.

Le préavis doit parvenir 5 jours francs avant le déclenchement de la grève à l'autorité hiérarchique ou à la direction de l'administration concernée.

Pendant la durée du préavis, les organisations syndicales et l'administration employeur doivent négocier.

Si cette obligation de préavis n'est pas respectée, l'administration peut prendre des sanctions disciplinaires à l'encontre des agents grévistes. »

Faire grève reste un sacrifice financier qu'il faut réduire au maximum. Adrien insiste sur l'importance des caisses de grève : « Partir avec un trésor de guerre rassure les travailleurs, ça leur permet de rassurer leur compagnon, compagne, leur famille. Ça aussi, ce n'est jamais abordé par l'intersyndicale et pourtant, ce sont les deux principaux éléments qui font d'une grève une réussite. »

(Servicepublic.fr)

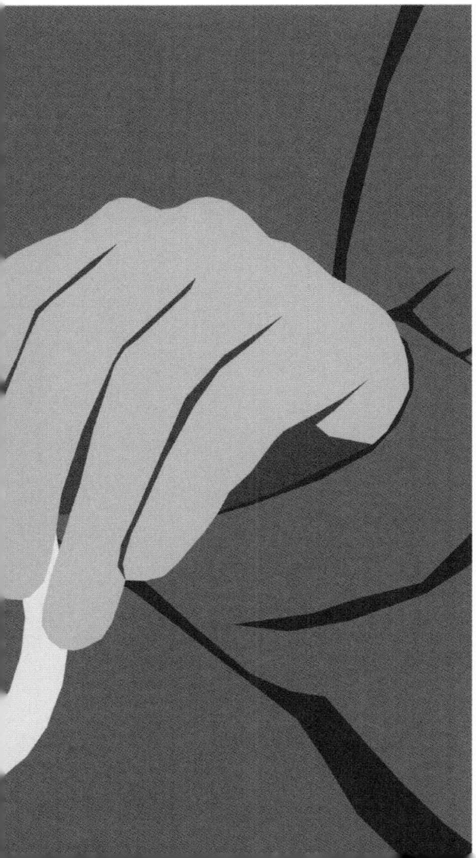

6 – CULTIVER LA JOIE DANS LE CONFLIT

« *Il s'agit, après avoir toujours plié, tout subi, tout encaissé en silence pendant des mois et des années, d'oser enfin se redresser. Se tenir debout. Cette grève est en elle-même une joie. Une joie pure. Une joie sans mélange* ». C'est en ces termes que la philosophe Simone Weil, ouvrière dans une usine Renault en 1936, décrivait dans ses écrits (depuis réunis notamment dans *Grèves et joie pure* (Libertalia, 2016)) l'atmosphère des grèves avec occupation d'usine qui ont permis, entre autres, l'instauration des congés payés.

Des décennies plus tard, c'est cette joie que décrit Rachel Keke, leadeuse des femmes de chambre grévistes de l'hôtel Ibis-Batignolles, victorieuses après 22 mois de grève. Avec ses collègues, elles ont fait de la joie un mode d'action : « *La musique, la danse, ça montre à la personne en face que tu es en joie, que tu as de la force, que tu es prêt à faire cette grève-là ! On a beaucoup usé de confettis : c'est visible, c'est casse-pieds à nettoyer, et c'est festif.* » Le mouvement des Gilets jaunes avec ses moments festifs autour des ronds-points, souvent moqués au début de la mobilisation (une vidéo de « chenille » avait fait l'objet de plaisanteries sur les réseaux sociaux), s'était aussi inscrit dans cet esprit joyeux.

L'image du syndicalisme a été écornée par des décennies de dénigrement médiatique. Militants et syndicalistes sont souvent dépeints comme des personnalités perpétuellement en colère, intolérantes, tristes. Ce cliché se vérifie parfois, car on n'insiste pas assez, à notre sens, sur l'importance de la gentillesse et de la bonne humeur dans l'engagement au sens large. « *Venez comme vous êtes* » reste hélas le slogan de McDonald's, pas celui du monde militant. Pourtant, pour construire une mobilisation, il faut bien savoir accueillir tout le monde, et dans de bonnes conditions.

Une ou plusieurs journées de grève restent un sacrifice financier important. Si en plus on a le sentiment d'avoir perdu son temps avec des gens moroses, ou seul chez soi, difficile de se motiver à en mener d'autres. C'est pourquoi ce moment important doit être passé en collectif, en s'adaptant à son public. Mathilde*, que j'ai interrogée sur ses secrets de mobilisation, raconte ainsi comment elle a pu convaincre ses collègues peu militants de se rendre avec elle pour manifester et les emmener dans le cortège écolo qui leur correspondait mieux. Ce sont ces petites attentions qui permettent d'agréger du monde autour de soi et en la cause qu'on défend. Et à terme, de gagner. ■

* Les prénoms ont été modifiés.

LA FRANCE CHAMPIONNE DE LA SOUFFRANCE AU TRAVAIL

Nombre d'accidents mortels en Europe pour 100 000 travailleurs

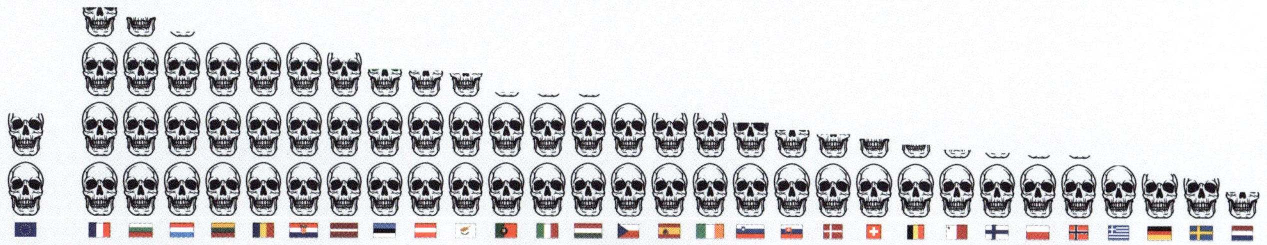

Nombre d'accidents du travail en Europe pour 100 000 travailleurs

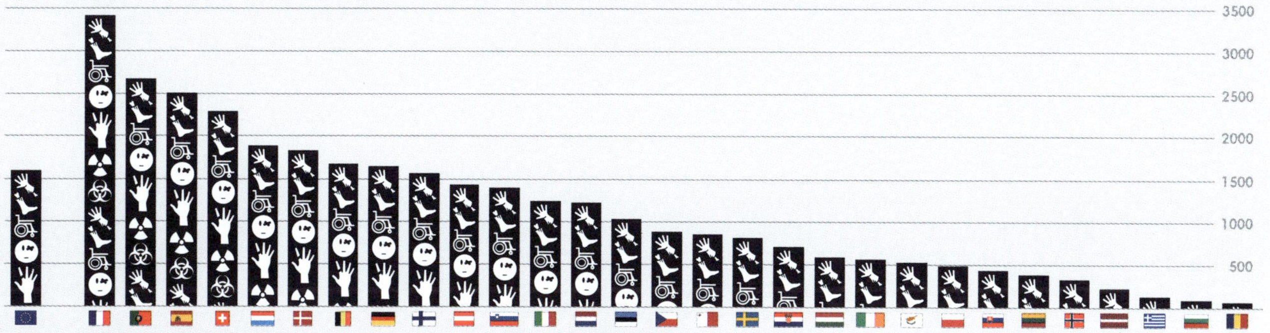

En 2017, 48 % des accidents du travail survenus n'ont pas été reconnus.

Seuls 46,4 % des salariés du secteur privé sont couverts par une instance dédiée à la prévention santé au travail (CHSCT ou CSSCT).

51 000 à 82 000 nouveaux cas de cancer d'origine professionnelle par an. Seulement 2000 reconnus par l'Assurance maladie.

2009
Création du statut d'auto-entrepreneur. Ni protection contre les accidents du travail, ni prise en compte statistique.

2016
La loi El Khomri met fin aux visites médicales d'embauche et au visites médicales tous les deux ans.

2017
Les ordonnances Pénicaud suppriment les Comités d'Hygiène, de Sécurité et de Conditions de travail. Des critères de pénibilité sont supprimés.

Sources : Commission sur la sous-déclaration des accidents du travail et des maladies professionnelles, Eurostat

BIEN-ÊTRE

POURQUOI IL NE FAUT PAS CHERCHER LE « LÂCHER-PRISE »

PAR MAXIME DEVARS

Maxime Devars est infirmier en psychiatrie. Dans sa pratique professionnelle comme dans sa vie de tous les jours, il observe des croyances psychologiques qui s'apparentent à ce que l'on nomme le « développement personnel » et qui, le plus souvent, ne nous aident pas du tout à nous développer. Au contraire, elles nous culpabilisent, nous mettent la pression et nous empêchent d'aller mieux. Pour lui, la reine de toutes ces injonctions toxiques est l'appel au « lâcher-prise ».

L'énoncé « Lâcher-prise » semble avoir infiltré tous les domaines de la vie sociale. On le retrouve aussi bien dans les paroles des managers et des psychiatres que dans la presse féminine et les manuels de développement personnel. Il figure même régulièrement dans les conseils bienveillants que l'on donne à nos ami.e.s. « *Moyen de libération psychologique consistant à se détacher du désir de maîtrise* » (Larousse), le « Lâcher-prise » fait partie, au même titre que « *Fais-toi confiance* » ou « *Sortir de sa zone de confort* », de ces expressions si abstraites et floues que l'on peut leur faire dire bien des choses.

Je travaille en pédopsychiatrie dans une unité d'hospitalisation pour adolescent.e.s. Des soins psychiques sont proposés en lien avec les problématiques rencontrées : décrochage scolaire, dépression, phobies, anxiété, anorexie, etc. Une phrase revient régulièrement dans les propos des soignants, psychologues et médecins durant leurs entretiens thérapeutiques avec les ados : « *Il va falloir travailler sur votre lâcher-prise* ». J'emploie fréquemment moi-même cette expression sans jamais la questionner. Mais c'est quoi au juste, le « lâcher-prise » ?

Ce terme tient son origine de l'expression anglaise « *Letting go* ». Laquelle est apparue aux États-Unis à la fin du XIXe siècle dans les cercles protestants. L'expression, qui remporte alors une certaine popularité parmi les croyants, se rapporte au fait d'abandonner les choses matérielles afin de pouvoir accéder au monde spirituel, jugé supérieur. Au cours du XXe siècle, le « *Letting go* » voit son emploi s'élargir au-delà du seul cadre spirituel. La philosophie (ex : le Pragmatisme), la psychothérapie ou encore l'addictologie s'approprient peu à peu l'expression. L'énoncé, qui n'a pas encore de signification fixée, se voit traduit en français dans des ouvrages de psychologie à partir des années 1940. Sa diffusion dans l'espace francophone n'a depuis cessé de croître. En psychologie, le lâcher-prise est souvent évoqué pour signifier l'abandon des idées obsessionnelles et de certains sentiments comme la haine ou la colère. En ce sens, un lien fort peut être envisagé entre le lâcher-prise et le pardon chrétien : le renoncement à tirer vengeance afin de pardonner à « *ceux qui nous ont offensés* ».

un lien fort peut être envisagé entre le lâcher-prise et le pardon chrétien : le renoncement à tirer vengeance afin de pardonner à « *ceux qui nous ont offensés* ».

Dans l'unité d'hospitalisation, les adolescentes anorexiques s'entendent dire qu'elles doivent « *travailler sur le lâcher-prise* ». Alors, bonnes élèves, elles travaillent. Certaines se font des pancartes motivationnelles qu'elles affichent sur les murs de leur chambre comme autant de mantras performatifs, à grand renfort de feutres fluos et de lettres capitales. « *Aujourd'hui, je lâche prise !* ». Durant la journée, les adolescentes se disent, continuellement : « *Je dois me détendre* », « *Je dois lâcher prise* », « *Et là ? Suis-je vraiment en train de lâcher prise ? Non, ce n'est pas encore suffisant* ». Boucle insoluble. « *Travailler sur son lâcher-prise* » apparaît comme une contradiction dans les termes. Le lâcher-prise est un phénomène qui ne relève pas de la volonté consciente de l'individu. Une comparaison avec un phénomène aux rouages similaires permet de mieux saisir les mécanismes psychiques à l'œuvre : l'endormissement. Le scénario est bien connu. Tard dans la nuit, vous vous tournez et retournez dans le lit. Passablement irrité, vous pestez sous la couette : « *Bon sang, j'embauche super tôt demain matin. Si je ne dors pas cette nuit, je vais être complètement déglingué. Faut que je dorme, merde !* » Plus vous voulez vous endormir, plus vous vous éloignez des bras de Morphée. La focalisation obstinée sur cet objectif d'endormissement crée une crispation qui repousse la possibilité même de l'endormissement. Tout au plus, vous sentez-vous glisser vers le sommeil : « *Houla, je sens que je suis en train de m'endormir* ». Mais votre observation est seulement passive. Il nous est impossible d'enclencher, à la demande, notre endormissement. Il en va de même pour les fous rires ou les orgasmes. Le lâcher-prise, quand il se produit parfois, est un bonus, jamais un objectif reproductible et systématisé. On peut réunir toutes les conditions favorables, le phénomène tant espéré n'en sera pas pour autant garanti. Le désir de relâchement passe parfois par un recours médicamenteux. Selon les chiffres de l'INSERM, 66,8 millions de boîtes d'anxiolytiques de type Benzodiazépine ont été délivrées en pharmacies de ville en 2012.

Longtemps en recherche de recettes miracles dans des périodes de vie parfois chaotiques, j'ai consommé beaucoup de développement personnel. Ce champ littéraire consacre un corpus important au lâcher-prise. Je cherchais à « *rencontrer la réalité sereinement* » par une « *meilleure gestion de mes émotions* » et ainsi « *affronter les obstacles, sans excès de stress* ». La posture consistant à intérioriser la responsabilité du changement est porteuse d'un certain prestige social. En bon *entrepreneur de moi-même*, je libérais les énergies de *mon pouvoir illimité*. Routine matinale, défis 30 jours, méditation, douche froide, etc. La conviction que je pouvais contrôler mes états d'âme par des méthodes opérationnelles comme celles-ci me semble, aujourd'hui, bancale.

Certains courants de développement personnel orientés « drague et séduction » tiennent le « lâcher-prise » pour une forme de détachement émotionnel. Cette optique viriliste enjoint les jeunes gars à se détacher d'une palette d'émotions essentialisées comme féminines, telles que la douceur, l'empathie, l'écoute, etc. afin d'accéder à une image sociale de mecs sûrs d'eux. Travailler pour atteindre la décontraction du *cool guy*... et renforcer, au passage, le modèle masculin dominant.

Critiquer le développement personnel n'est pas critiquer ce que font les gens pour chercher à aller mieux. Nous sommes sûrement nombreux à essayer de négocier avec le système pour le rendre un peu plus acceptable. Nous sommes sûrement nombreux à essayer de composer avec des injonctions contradictoires : « *Réussi, donne le meilleur, dépasse toi... mais profite de l'instant présent en restant cool et épanoui* ».

Sous couvert de neutralité idéologique, en dépolitisant les enjeux économiques et collectifs au profit d'une psychologisation des phénomènes sociaux, le développement personnel dédouane les structures dominantes en faisant porter la responsabilité des maux sur le seul individu. Celui-ci est enjoint de trouver en lui-même les solutions à ses problèmes. Car, après tout, vous êtes responsables de votre propre malheur. Changer de regard sur une situation stressante annulera les tensions internes. Ça doit sûrement marcher pour les harcèlements et les licenciements abusifs ?

> Routine matinale, défis 30 jours, méditation, douche froide, etc. La conviction que je pouvais contrôler mes états d'âme par des méthodes opérationnelles comme celles-ci me semble, aujourd'hui, bancale.

LÂCHER PRISE POUR LE CAPITAL.

Vous n'avez pu y échapper. L'injonction au lâcher-prise a, sous diverses formes, fait son entrée dans le monde du travail. La méditation de pleine conscience (ou *Mindfulness*) au sein des entreprises est désormais répandue et participe du « Bien-être au travail ».

Dans les années 1930, une étude est menée dans une usine de la Western Electric en Illinois (USA) par un universitaire de la Harvard Business School. Le résultat des expériences menées sur les ouvrières fera la joie du patronat. En faisant mine de s'intéresser au bien-être des travailleuses par de petites modifications (éclairages des ateliers, emplacement des machines), l'employeur constata une hausse de la productivité. « L'effet Hawthorne » (du nom de l'usine) fera des émules dans les écoles de management. Diffuser l'idée falsifiée que le patron se soucie du bien-être des salariés est une pratique managériale répandue. Que les besoins réels des travailleurs soient comblés importe peu. La stratégie, pour le moins perverse, mobilise un ressort affectif puissant. Se sentant reconnus dans les attentions portées par la hiérarchie, les employés se pensent redevables. Leur investissement s'en trouve renforcé. On ne compte plus les dispositifs mis en place par les D.R.H pour rustiner les effets dramatiques de leurs coupes budgétaires et autres plans de restructuration. Salle de pause végétalisée façon jardin zen, babyfoot en salle commune, séances de sophrologie sur le temps de pause, etc.

Le concept de lâcher-prise s'inscrit dans un cadre. Ce cadre est capitaliste. Concurrence générale et principe d'efficacité en sont les vertus cardinales. Les individus sont invités à lâcher prise pour mieux redonner un rebond à leur activité professionnelle et à ses cadences infernales. Le capitalisme produit le désir de « lâcher prise » mais de lâcher prise pour mieux le servir, lui. Le moment de décrochage n'est valorisé qu'à la seule condition qu'il précède un retour aux affaires, de préférence avec une efficacité démultipliée. Un lâcher-prise qui ne s'inscrirait pas dans la convention capitaliste de la valeur ne vaudrait rien. Les actionnaires de TotalEnergies s'autorisent-ils à lâcher prise sur leurs dividendes annuels ? Nope.

CARRÉMENT PAS LÂCHER PRISE !

Le logiciel capitaliste a étendu son empire jusque dans nos affects les plus intimes. Et si, plutôt que de s'épuiser dans de vaines injonctions, on employait notre énergie à surtout ne jamais lâcher prise sur nos capacités à inventer d'autres modèles ?

Les individus sont invités à lâcher prise pour mieux redonner un rebond à leur activité professionnelle et à ses cadences infernales. Le capitalisme produit le désir de « lâcher prise » mais de lâcher prise pour mieux le servir, lui.

Un.e ami.e va mal et s'angoisse pour un sujet. Par quoi remplacer le conseil du lâcher-prise ? Accueillir les tourments d'autrui, les reconnaître comme vrais, sans chercher à parler en « sauveur » est une approche bienvenue. Les discours façon coach de vie (« *Tu devrais faire ci...* ») ont un effet nul, quand ils n'agissent pas carrément en renforçateurs du mal-être. Valider les sentiments de l'autre ne signifie pas que vous deviez adhérer à sa subjectivité. Vous laissez simplement à la personne la liberté d'être traversée par des émotions, fussent-elles négatives, sans les juger, les minimiser ou les rejeter. Votre ami.e se sent compris.e et reconnu.e dans son expérience intérieure. Votre capacité d'écoute, votre disponibilité, votre chaleur humaine participent d'un moment relationnel fort. « *On dirait bien que tu vis des choses difficiles. Cela doit être douloureux. Tu as le droit d'être en colère. Allons prendre un café, si tu es d'accord. On pourra parler de tout ça...* » n'est pas une mauvaise amorce.

Le lâcher-prise appartient au registre lexical de l'escalade. L'alpiniste ne lâche prise que lorsqu'il a trouvé une meilleure prise à laquelle s'assurer. La maîtrise délaisse un objet pour s'exercer sur un autre objet. Et ainsi de suite. Mais comment ne pas lâcher prise sans pour autant renoncer à trouver la paix ? Aux antipodes du « lâcher-prise » individuel prôné par le développement personnel, se trouve le « lâcher-prise » collectif. Celui-ci requiert des conditions qui échappent encore, en grande partie, à la marchandisation capitaliste : la confiance mutuelle, le collectif, un groupe de collègues avec lesquels rire, des amis que l'on peut retrouver le soir, etc. Le maillage des relations amicales, professionnelles, familiales agit comme un remède essentiel chez l'individu affecté par des bouleversements. Vous en avez probablement déjà fait l'expérience à de multiples reprises : se retrouver dans un cadre bienveillant en relation avec des ami.e.s, des personnes ressources, nous offre une expérience émotionnelle puissante. Durant ces instants en relation, nos corps, un temps débarrassés de leur intranquillité anxieuse, se trouvent au calme. Cette expérience sensible nous ressource et nous restaure. Dans ce contexte, un phénomène bénéfique à notre équilibre psychique se produit alors parfois : nous passons à autre chose. ▪

Se retrouver dans
un cadre bienveillant
en relation avec des ami.e.s,
des personnes ressources,
nous offre une expérience
émotionnelle puissante. Durant
ces instants en relation, nos corps,
un temps débarrassés
de leur intranquillité anxieuse,
se trouvent au calme.

7 ASTUCES POUR NE PAS DEVENIR UN GAUCHO CHIANT

PAR NICOLAS FRAMONT

S'engager dans un combat politique, dans une période aussi dure que la nôtre, est une démarche courageuse et noble. En rejoignant un syndicat, un parti politique, un collectif ou en participant à un mouvement social, on se bat pour les autres, et c'est une bonne chose. Mais on peut parfois devenir un peu pénible pour son entourage et être peu convaincant pour la population. On risque de devenir ce qu'à *Frustration*, on appelle entre nous « les gauchos-chiants » : des personnes qui sont irritantes dans la façon de mener leur engagement. Élitistes, méprisantes, donneuses de leçons, elles le sont d'autant plus qu'elles ne parviennent pas à leur fin. « Les cons de Français continuent de ne pas faire la révolution, grrr ! » Nos 7 astuces pour s'engager collectivement sans irriter, agacer ou exclure.

FAIRE AVEC LES GENS TELS QU'ILS SONT (ET PAS TELS QU'ON AURAIT PRÉFÉRÉ QU'ILS SOIENT)

1

« *Alala, au moins dans les années 60, les gens se serraient les coudes. Dans les usines, on était des milliers à travailler ensemble et on était tous syndiqués. C'est pas comme maintenant avec la montée de l'individualisme, le travail ubérisé et l'obsession pour la télé-réalité !* » D'ordinaire réservée aux gens de droite, la nostalgie d'une époque fantasmée existe aussi dans sa version de gauche. Et il est vrai qu'à l'heure du macronisme triomphant, des syndicats faibles et mous, on peut parfois être tenté de regretter les temps passés des luttes et des ouvriers à béret. Sauf que voilà, d'une part, il faut toujours se souvenir que notre vision du passé est idéalisée, qu'elle fait l'impasse sur de nombreux gros détails qui rendaient les choses moins roses (les colonies françaises, l'homophobie généralisée, le sexisme décomplexé) et d'autre part, il faut bien faire avec. Oui, le monde du travail permet moins facilement de s'organiser. Oui, la plupart des gens sont défiants envers les partis et les syndicats (on peut peut-être les comprendre, non ?)... Mais c'est comme ça ! « *Il faut faire avec le matériau existant* » disait Lénine. Et ainsi, pouvoir efficacement le transformer et non se lamenter sur un monde disparu au risque de nourrir une culture de la défaite.

NE PAS SE POSER EN SURPLOMB

2

Vous avez eu votre révélation qu'il était nécessaire de changer le monde il y a plusieurs années, vous avez enchaîné les lectures et les réunions, et désormais, vous vous sentez l'envie de communiquer ces découvertes à d'autres ? Doucement quand même : la plupart des gens n'aiment pas recevoir de leçon et sont très heureux de ne plus être à l'école. Aussi, si vous vous mettez en posture professorale, vous risquez de heurter votre interlocuteur. Ou surtout de l'ennuyer. Ce qui rend le militantisme détestable aux yeux de beaucoup de gens, c'est que beaucoup de personnes engagées pensent sérieusement qu'elles ont affaire à des masses incultes ou droitières qu'il faudrait rééduquer. Or, personne n'a envie d'être rééduqué. De plus, c'est une profonde erreur de diagnostic que de penser que la population doit recevoir des cours d'idées révolutionnaires : la plupart des gens savent bien ce qu'il se passe et sont majoritairement convaincus de l'injustice et de l'insoutenabilité de la société capitaliste. Mais ils se sentent impuissants et inutiles pour changer les choses. En vous posant en surplomb vis-à-vis d'eux, vous renforcez ce sentiment d'impuissance. Et si vous vous intéressiez plutôt à ce qu'ils vivent et ce qu'ils pensent pour commencer ?

3 NE PAS SACRIFIER SA VIE PERSONNELLE SUR L'AUTEL DE LA LUTTE

Plus les organisations politiques, syndicales et associatives se réduisent en nombre de militants, ce qui est la tendance des dernières décennies, plus en faire partie requiert des sacrifices. Il faut aller à de multiples réunions, prendre part à de nombreuses actions et pour peu qu'on s'y crée un cercle d'amis et/ou qu'on veuille y faire carrière, on peut consacrer toute sa vie à son engagement. La politique devient votre seul hobby, votre seul mode de sociabilisation et, ce faisant, vous vous éloignez des gens non-engagés, parfois avec une certaine fierté. Sauf que cela vous rend inaudible pour celles et ceux que vous tentez d'aider ou de convaincre. En prenant soin de vous, vous prenez soin de votre engagement : comme le montre la professeure de yoga Camille Teste dans son essai *Politiser le bien-être*, il faut arrêter de penser que des gens engagés qui enchaînent les *burn-out* ou les relations violentes « pour la cause » vont pouvoir lutter efficacement pour les autres. Bien au contraire : en se battant pour des choses qu'ils ne s'appliquent pas à eux-mêmes – par exemple, le temps libre et des relations interpersonnelles respectueuses – ils dégagent une incohérence qui ne les rend ni convaincants, ni inspirants.

4 LUTTER CONTRE SA PROPRE

Tout milieu professionnel produit son propre jargon. Les journalistes, pour commencer, qui ne savent pas écrire et parler normalement (« et maintenant, c'est le drame »); les diplômés d'écoles de commerce qui s'inventent un langage très technique pour masquer le vide de leur apport à la société; les enseignants, le personnel de santé dans les hôpitaux… Pour gagner du temps, on peut utiliser des acronymes au travail, des termes abscons pour le commun des mortels, mais connus de celles et ceux avec qui on travaille. Le monde militant, qu'il soit syndical, politique ou associatif, a aussi son propre jargon qui crée une communauté d'appartenance (on est content d'avoir son langage qui distingue des autres), mais qui met à distance le reste de la population. Il est nécessaire d'expliciter un maximum ces termes, par exemple de détailler un acronyme plutôt que de l'utiliser… Parfois, le jargon s'accompagne d'une langue de bois : une série de mots évidents, utilisés à tout bout de champ, mais qu'on n'explicite jamais, qui donne l'impression à vos interlocuteurs que vous

5 SORTIR DE L'ENTRE-SOI

Cette astuce n'est possible que si les points précédents sont respectés. « *La notion d'entre-soi désigne le regroupement de personnes aux caractéristiques communes, que ce soit dans un quartier, une assemblée politique, ou encore un lieu culturel. Elle sous-entend l'exclusion, plus ou moins active et consciente, des autres* » nous explique la sociologue Sylvie Tissot (« Entre soi et les autres », revue Actes de la recherche en sciences sociales, 2014). Les spécialistes de l'entre-soi sont les bourgeois. Ils vivent dans des quartiers séparés, fréquentent des piscines, des clubs de sport et des clubs de mondanité où il est nécessaire d'être coopté pour en devenir membre. Ils cultivent une façon de parler et des références culturelles qui excluent les personnes de plus basse extraction... Mais les personnes engagées politiquement ne sont pas en reste : par un langage particulier, un ensemble de références culturelles partagées, qui font l'objet de blagues (*« au goulag, le camarade », « hihi quel trotskyste, celui-là »*), elles font se sentir étrangé toutes celles et ceux qui ne les maîtrisent pas. Cela passe aussi par la manière de s'habiller, que ce soit à travers l'utilisation de pin's, de stickers ou de vêtements faisant référence à une culture spécifique (red skins, hippies, maoïstes...). Ces symboles, ainsi que les lieux de sociabilité tels que certains bars, festivals ou genres musicaux, apportent du plaisir et renforcent le sentiment d'appartenance au sein d'un groupe, mais peuvent également progressivement isoler ce groupe vis-à-vis du reste du monde. L'action collective efficace doit se situer dans un juste équilibre entre culture commune d'un groupe, enthousiaste et fédératrice, et ouverture sur le monde extérieur pour permettre aux autres de venir. L'entre-soi survient quand la culture commune devient si prégnante qu'elle apparaît trop particulière à celles et ceux qui en sont extérieurs.

LANGUE DE BOIS

produisez du vent – à juste titre. Par exemple, les macronistes et les cadres supérieurs adorent dire qu'il faut « décloisonner », « arrêter de penser en silo », « rendre plus souple », « accompagner »... pour masquer des projets d'économie, de licenciements, de réduction des droits sociaux. De la même manière, les gens de gauche parlent de la « montée de l'individualisme », « des réformes néolibérales » et du « règne du chacun pour soi » à tout bout de champ, sans prendre le temps de réfléchir à la pertinence des termes employés. Utiliser un terme aussi abscons que « néolibéralisme » a-t-il une quelconque utilité pour se faire comprendre et convaincre ? Est-ce le terme le plus percutant et pertinent ?

6 REFUSER LE DOGMATISME

Si la plupart des gens se méfient des militants de toute obédience (les partis et les syndicats font partie des institutions auxquelles les Français font le moins confiance, selon le baromètre annuel du Cevipof), c'est parce qu'ils ont le sentiment qu'ils sont butés, arc-boutés sur des convictions bien arrêtées et que la discussion sera donc impossible. Or, la majorité de la population, elle, doute, change d'avis, passe d'un bord à l'autre : un coup s'abstient, vote, s'abstient à nouveau, vote pour un candidat pro-bourgeois puis se mobilise contre sa réforme pro-bourgeoise... Politiquement, la plupart d'entre nous évoluent au gré des évènements, de ce que pense notre entourage, de nos propres expériences personnelles. Rien à voir avec les militants qui, eux, en rejoignant un parti ou une organisation, restent fidèles à leurs principes et leurs positions, y compris quand elles changent du tout au tout, au gré des évènements. Les militants les plus chevronnés sont capables de dire à quelle tendance ils appartiennent (« Je suis anarchiste tendance Makhno », « Je suis socialiste sur une ligne Arnaud Montebourg 2011 »...), ce qui effraie, à juste titre, leurs interlocuteurs. Cela conduit le plus souvent à du dogmatisme : pour rester fidèle à son groupe d'appartenance, voire pour y prendre du galon (devenir élu local, député, secrétaire de section...) on rejette le doute et la critique. Et on ne le fait pas « par conviction », mais par intérêt : il est coûteux d'exprimer ses doutes par rapport à la ligne de son leader ou de ses camarades. Et pourtant, c'est nécessaire si l'on ne veut pas finir comme un militant PCF de 2023, à soutenir les flics violents, les gentils patrons et les Buffalo Grill.

7 CULTIVER L'OPTIMISME

De plus en plus, on a le sentiment que les militants chevronnés sont des gens qui, sur leurs réseaux sociaux, ne cessent de se lamenter – le plus souvent à juste titre – de l'état du monde. Le militant catastrophiste, qui sait, lui, dans quelle merde on est en train d'aller, a remplacé l'utopiste du siècle dernier, parlant des perspectives révolutionnaires et des progrès du genre humain. Il existe aussi un optimisme béat du politicien en campagne électorale, qui annonce plus de frites à la cantine, des jardins partagés, plein de sourire pour les habitantes et les habitants de Mareuil-les-Oies. Il y a un juste-milieu à trouver entre ce genre-là et celles et ceux qui, « lucides », annoncent la série de malheurs qui va s'abattre sur le genre humain, si perverti par la « société de consommation » et « l'individualisme galopant » qu'il ne mérite finalement pas qu'on se batte pour lui, en définitive. L'optimisme de l'engagement devrait pourtant commencer par là : ça vaut le coup de se battre pour les humains, car ils portent en eux une envie de vivre, d'aimer et de s'entraider que le capitalisme n'est jamais complètement parvenu à étouffer. Si l'on pense l'inverse, mieux vaut éviter de s'engager politiquement : si l'optimisme est difficile à adopter en ces temps troublés et, disons-le, franchement déprimants, le pessimisme, lui, ne sert à rien. Les gens ont Internet, la télévision et la radio, la majeure partie d'entre eux sont salariés, ils savent très bien dans quelle merde on se trouve, merci pour eux. L'optimisme à adopter n'est donc pas celui de la certitude de jours meilleurs, mais celui où l'humanité peut être autre chose que ce que les DRH, les marketeux et Macron pensent qu'elle devrait être : une machine à bosser, acheter et marcher au pas. ■

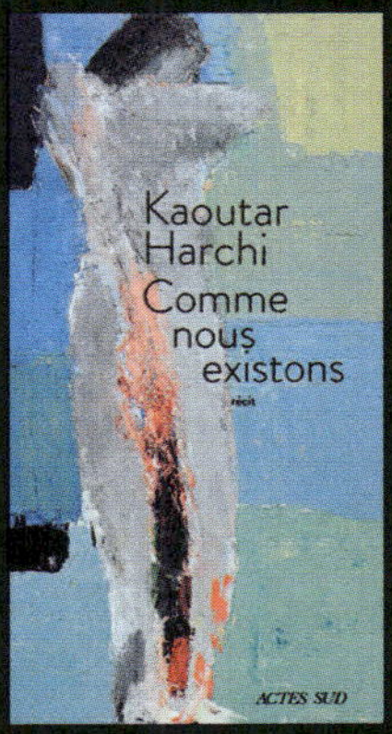

ON A LU

OLIVIER GLOAG, *OUBLIER CAMUS*,

LA FABRIQUE, 2023, 15 €

Que l'on soit de gauche ou de droite, passionné de littérature ou lecteur occasionnel, universitaire ou collégien, nous sommes tous sommés de reconnaître que Camus est l'un de nos plus grands écrivains. Alors que le talent et l'importance de Camus sont unanimement admis, Sartre, son grand ami avant leur brouille historique, est quant à lui de moins en moins lu et jamais cité par les « intellectuels » médiatiques d'aujourd'hui. Olivier Gloag nous donne, dans cet excellent livre, les clefs pour comprendre cette situation. Camus fait preuve d'un *« humanisme aussi vague qu'ostentatoire »,* dans lequel tout le monde peut se retrouver. Il est *« emblématique de la social-démocratie française, des belles âmes convaincues d'avoir adopté la bonne position politique du moment. »* Son égalitarisme est de façade : il valorise le mode de vie colonial dans ses romans, s'oppose à l'indépendance de l'Algérie… En glorifiant Camus, notre époque falsifie son histoire coloniale, et fait dans le même mouvement oublier son comparse Sartre, dont la radicalité, l'ambition philosophique, l'attachement à l'idée communiste, l'anticolonialisme viscéral, ne peuvent que pousser les dominants à s'en détourner. Oublions Camus donc, pour redécouvrir Sartre, son œuvre romanesque cruellement sous-estimée, et poursuivre ses combats.

Guillaume Etievant

BENJAMIN STORA, SÉBASTIEN VASSANT, *HISTOIRE DESSINÉE DE LA GUERRE D'ALGÉRIE*,

SEUIL, 2016, 24 €

Issue de la collaboration entre Benjamin Stora, un des historiens français de référence sur la guerre d'Algérie, et Sébastien Vassant, un dessinateur de bandes dessinées très talentueux, cette « *histoire dessinée* » prend le parti d'un traitement chronologique, factuel et pédagogue de la guerre d'Algérie. C'est donc une lecture utile pour en apprendre davantage sur l'horreur de l'histoire coloniale française : le massacre de Sétif, les rafles et les exécutions sommaires, les camps d'internement, « la bataille d'Alger », les tortures, les bombes au napalm contre les maquis, les manifestants du 4 octobre 1961 jetés dans la Seine, et ceux du 8 février 1962 tués à la station Charonne… On y constate aussi la faiblesse de la gauche française sur ce sujet (Mitterrand appuyant par exemple les exécutions par guillotine des membres du FLN…) malgré quelques notables exceptions (Simone de Beauvoir, Gisèle Halimi, Jean-Paul Sartre, une partie des communistes…). On y voit la résistance algérienne et ses techniques de guérilla (sans édulcorer pour autant, ou faire preuve de manichéisme), le rôle pyromaniaque de l'extrême droite française (tentatives de putschs contre De Gaulle, nombreux attentats…) ainsi que les divisions sanglantes entre les différentes branches du nationalisme algérien.

Rob Grams

PROLE.INFO, *THE HOUSING MONSTER : TRAVAIL & LOGEMENT DANS LA SOCIÉTÉ CAPITALISTE*,

NIET ÉDITIONS, 2018, 10 €

Quand on pense à « l'exploitation capitaliste » on pense avant toute chose à ce qui est en son cœur : le travail. Mais un autre aspect de nos vies est absolument central dans cette mécanique : le logement.

Écrit par le collectif anonyme de travailleurs américains Prole.Info, *The Housing Monster* (2018) est une lecture très agréable, une master-class de décortication grand public du système capitaliste qui dispose de très belles illustrations. Il est édité en France par Niet Éditions, les mêmes qui avaient sorti l'excellent ouvrage sur les Gilets jaunes par le Collectif Ahou Ahou Ahou (*La révolte des Gilets Jaunes : histoire d'une lutte des classes*, 2020).

C'est tout notre système qui est abordé à travers le prisme du logement : la réalité du travail dans la construction (l'intelligence qu'il requiert, les risques et les dangers, l'exploitation, le sexisme…), la manière dont fonctionne l'industrie capitaliste du bâtiment, comment la propriété privée des logements permet aux bourgeois de nous forcer à bosser, la contradiction involontaire dans laquelle se trouve le travailleur-propriétaire, de quelle façon les SDF servent à terroriser les travailleuses et travailleurs en leur montrant ce qui pourrait les attendre, les liens entre logements et patriarcat, les alternatives existantes tel que l'habitat collectif, luttes pour les loyers, le logement social, l'expérience soviétique…

Rob Grams

KAOUTAR HARCHI, *COMME NOUS EXISTONS*,

ACTES SUD, 2021, 18 €

Après avoir publié trois romans, la sociologue Kaoutar Harchi a décidé de rompre avec le genre romanesque pour faire le récit de sa propre jeunesse, celle d'une jeune femme des classes populaires postcoloniales. Elle décrit ses parents nés au Maroc, leurs amours, leur vie, leur parcours migratoire, les espoirs d'ascension sociale qu'ils nourrissent pour elle. Le récit s'ouvre sur une scène magnifique : jeune fille, elle surprend ses parents en train de regarder le film de leur mariage sur un magnétoscope. « *Dans le cœur, le cœur de ma mère, le cœur de mon père, à cette époque-là, en ce pays-là, sachez-le : la joie était rassemblée. Puis la joie, plus tard, s'est dispersée, elle est partie* », écrit-elle. Elle raconte aussi l'école, cet établissement catholique de l'autre côté de la ville, qui la ramène constamment à ses origines, et qui lui fait prendre peu à peu conscience du processus de racialisation dont elle fait l'objet. Elle raconte la France du début des années 2000, les émeutes suite à la mort de Zyed Benna et Bouna Traoré, la loi de 2004 sur l'interdiction des signes religieux à l'école, et l'éveil progressif à la politique que ces événements provoquent.

Guillaume Etievant

SOUS LA DIRECTION DE KAREL YON, *LE SYNDICALISME EST POLITIQUE*,

LA DISPUTE, 16 €

Cet ouvrage collectif réunissant des politistes, des historiens et des sociologues apporte de nombreux éléments intéressants pour analyser l'état du syndicalisme aujourd'hui. Il aborde des sujets rarement évoqués comme le traitement des violences sexistes dans les syndicats, la division sexuée du travail militant et la nouvelle dynamique féministe qui s'est déployée dans l'opposition à la réforme des retraites. Il s'attache également à évoquer les liens entre les Gilets jaunes et les syndicats, en développant notamment le fait que les syndicalistes étaient très présents dans le mouvement des Gilets jaunes (un questionnaire distribué sur les ronds points et les manifestations permet d'estimer à environ 32 % la part des Gilets jaunes ayant eu un engagement syndical). Ces militants témoignent de la joie qu'ils ont eu à sortir de l'entre soi-militant, et à endosser d'autres formes d'action. Les Gilets jaunes leur ont permis d'accéder à des lieux de sociabilité et de politisation (le co-voiturage, les ronds points, les travaux en communs pour embellir les cabanes, etc.) qui n'existent quasiment plus dans les entreprises, le mandat de représentation en entreprise s'exercant de plus en plus en vase clos. « *Ce n'est pas tant la radicalité des syndicats que le mouvement des Gilets jaunes permet d'interroger que les moyens dont ils disposent aujourd'hui pour ne pas apparaître comme des institutions ou des corps intermédiaires, mais bien comme des lieux d'accueil, de protection et des outils de défense évidents pour les classes populaires* », écrit notamment Sophie Béroud. L'ensemble des articles de cet ouvrage collectif donne des pistes intéressantes pour contribuer au débat nécessaire sur l'avenir du mouvement syndical français.

Guillaume Etievant

3

ET MAINTENANT, ON FAIT QUOI ?

MATHILDE

QU'EST CE QUI TE REND OPTIMISTE DANS LA PÉRIODE ACTUELLE ?

Question difficile, l'optimisme est un flux qui peut me manquer assez vite ! Heureusement qu'il y a mon entourage pour m'arrimer au bon endroit. Heureusement qu'il y a les queers, les pédés, les gouines, les racisé·es, les handi·es, avec lesquel·les je milite pour me procurer, non pas de l'optimisme mais une joie immense de voir la façon avec laquelle la société tend à être redessinée par les marges que nous sommes. De nous voir déployer des outils inventifs, drôles, créatifs. De faire partie d'une foule pailletée prête à défendre non pas des bouts de territoires mais notre existence même. Ce qui me rend optimiste c'est la radicalité profonde dans laquelle ce mouvement, qualifié de woke par nos adversaires (qui nous font un cadeau finalement en nous réunissant sous un même terme) s'inscrit. De ces forces-là, de cette joie sauvage découlent des projets magnifiques.

CE QUI ME REND OPTIMISTE C'EST LA RADICALITÉ PROFONDE DANS LAQUELLE CE MOUVEMENT, QUALIFIÉ DE WOKE PAR NOS ADVERSAIRES (QUI NOUS FONT UN CADEAU FINALEMENT EN NOUS RÉUNISSANT SOUS UN MÊME TERME) S'INSCRIT.

Quand je vois mes ami·es Cha Fallard et Veronica Noseda, entre autres, fonder le Front d'Habitat lesbien pour permettre à des femmes exilées d'avoir un appartement, quand je vois les Dégommeuses et tout ce qu'elles apportent à la société, quand je vois Alice Coffin défendre à la Mairie de Paris avec tant de courage les existences féministes, pour qu'on ne soit pas réduites au néant, ça ne fait pas que me rendre optimiste. Ça m'émeut, ça redonne un sens à la vie tout entière de voir des comparses si généreuses·x et si doué·es. L'optimisme arrive après. Quand je vois qu'il existe du talent un peu partout, de la compétence un peu partout, si belle quand elle provient de nos vulnérabilités et que potentiellement cela pourrait advenir en politique.

VIOT

Autrice de *L'homme politique moi j'en fais du compost* (2022, Éditions Stock), co-fondatrice de l'Observatoire des Violences Sexistes et Sexuelles en Politique.

QUELLE EST LA CHOSE QU'ON NE FAIT PAS ASSEZ, QU'IL EST GRAND TEMPS DE FAIRE POUR REPRENDRE LE DESSUS ?

C'est lié à la question précédente : on ne se dégage pas assez du moule dans lequel nous ont placé·es les politiques. On reste encore spectatrices et spectateurs des concours de bites de Roussel et Mélenchon, on les regarde se disputer la gauche, vouloir se saisir de parts de marché. Ça fait des années que ça dure. J'ai bossé avec eux, je vois comment ça se passe, l'obsession de se dégager « un espace politique », de « se démarquer du voisin d'à côté » pour avoir une possibilité de « percer le mur du son ». Toutes ces vicissitudes individuelles éloignent de l'intérêt général qui n'apparaît plus qu'en arrière fond, et les gens sont désespérés. Il me semble que ce qu'on ne fait pas assez c'est remettre complètement leur logiciel en question. C'est-à-dire faire la démonstration que la gauche ne pourra jamais émerger d'un rapport de force qui a été créé précisément pour l'écraser. Ces méthodes qui viennent de la droite sont antinomiques avec ce qui est défendu. C'est pour ça qu'on ne gagne pas. Et je pense qu'il est grand temps de nous faire confiance, parce qu'après ce constat, nous avons les outils.

L'humour (il faut vraiment qu'on commence à se moquer d'eux. Parce qu'ils haïssent cela d'une part, mais aussi parce que ça convainc), l'amour (parce que ce n'est pas normal que le monde politique ne produise que de la haine entre individus), notre force d'organisation, basée sur la coopération et non sur le déminage des autres, qui rend stupide et éloigne des objectifs. Mais surtout, et c'est ce que vivent les lesbiennes très intimement autant que politiquement : on sait qu'on peut vivre sans eux, sans ces mecs dans nos vies. Et on sait la joie que cela procure, la force que cela donne quand on ne s'épuise pas à vouloir les modifier, le temps que cela dégage de simplement les ignorer.

Bref, pour résumer, je pense que les féministes qui ont analysé dans les années 70 la nécessité de redéfinir le pouvoir non pas comme un rapport de domination mais comme la possibilité d'avoir un impact sur le réel avaient raison. Il semble que cette idée infuse de plus en plus dans notre société, et que bientôt, je l'espère ardemment, les vieilles méthodes darministes, sarkozystes, macronistes, jadotistes, rousellistes (et tant, tant d'autres), basées sur la violence seront aussi ringardes que les tontons boomers qui nous pourrissent Noël.

JOSEPH ANDRAS

JUPPÉ VIENT DE CONFIER AU *MONDE* QU'IL N'A RIEN COMPRIS AU SOULÈVEMENT DES GILETS JAUNES. « MAIS QUI SONT CES GENS ? »

QU'EST-CE QUI TE REND OPTIMISTE DANS LA PÉRIODE ACTUELLE ?

Je dois avouer que le mot « optimisme » ne fait pas partie de mon vocabulaire. Non que je me complaise dans je ne sais quel pessimisme confortable. Disons juste que je suis attaché à l'idée de lucidité et que celle-ci n'est pas la mieux placée pour offrir cette confiance que suppose l'optimisme. Mais soit, prenons votre mot et voyons les bons côtés. Primo, le retour en force de la conflictualité sociale. Juppé vient de confier au *Monde* qu'il n'a rien compris au soulèvement des Gilets jaunes. « Mais qui sont ces gens ? » Le vieux monde agonise. Voilà même que les réformistes s'emparent des questions qu'on croyait réservées aux révolutionnaires : Todd nous parle de lutte des classes et Piketty du Capital. Les conneries sur la fin de l'Histoire et le triomphe planétaire du libéralisme apparaissent au grand jour pour ce qu'elles ont toujours été : des conneries. Le carnage écologique, majoritairement admis par la population, est un carnage capitaliste : c'est donc l'affaire de notre camp. Il y a un boulevard devant nous. Hic : les fascistes, comme toujours quand les temps grondent, sont d'attaque. Secundo, notre camp voit grand. Je ne vais pas refaire l'histoire de ses manquements historiques, on les connaît. Plus personne, parmi ses porte-voix, n'ignore que l'émancipation, c'est toute l'émancipation. Qu'on ne tournera pas la page du capitalisme sans embrasser la totalité des revendications pour l'égalité – le féminisme, l'antiracisme, l'anti-impérialisme, les luttes LGBT ou encore la question du handicap. J'ajoute la question animale, cardinale mais encore minoritaire.

IL FAUT DONC LES DÉGAGER PAR LA FORCE ORGANISÉE, LOCALEMENT, NATIONALEMENT ET, COMME ON POURRA, INTERNATIONALEMENT.

Écrivain. Son dernier ouvrage *Nûdem Durak. Sur la terre du Kurdistan* est paru aux éditions Ici-Bas en mai 2023.

QUELLE EST LA CHOSE QU'ON NE FAIT PAS ASSEZ, QU'IL EST GRAND TEMPS DE FAIRE POUR REPRENDRE LE DESSUS ?

C'est simple : nous sommes trop malins. Trop savants. Or la politique ça doit d'abord passer par le corps. Par les affects. Nous possédons un paquet d'idées vraies, nous sommes même les seuls à les posséder, mais la vérité posée sur une table, pure et parfaite, ça ne sert à rien. Faites donc la sociologie des partis, des organisations, des revues, des productions éditoriales et artistiques de notre camp. Le langage, ça n'est pas un détail – c'est même assez utile pour se comprendre en société. Or notre langage, trop souvent, ne transporte personne. Je vis dans un coin majoritairement acquis au RN et doté d'une forte composante agricole. N'espérez pas convaincre ses habitants – qui ne sont pas différents d'ailleurs – du bien-fondé de nos idées en leur tendant un de ces tracts que nous avons l'art de concocter. Du catéchisme pour diplômés. C'est cuit. Qu'on se souvienne du lancement de *Libération* : Sartre l'a cofondé pour « *que le peuple parle au peuple* », pour que le peuple fasse l'information. Aujourd'hui on crierait au « populisme ». Or nombre de nos vœux ont à présent l'approbation d'une large majorité de la population : relocalisation de la production, fin de la Ve République, gratuité des premiers mètres cube d'eau indispensables, passage aux énergies renouvelables, augmentation du SMIC et des retraites, diminution du temps de travail, j'en passe. Or notre camp n'est pas majoritaire. La faute n'incombe pas à l'ennemi. Nous avons besoin d'un front soucieux de constituer un vaste bloc. Un front pour la vie bonne, autrement dit la dignité du grand nombre et la démocratie bien comprise. Mais une minorité fait obstacle. Les riches, les gavés, les capitalistes, les oligarques, les privilégiés, les saboteurs, appelons-les comme on veut. Ils salopent tout – l'air, les sols, la justice, le temps qui passe. Ils font que les ouvriers se suicident bien plus que les cadres. Ils font que ceux qui tombent sous les balles des flics n'ont pas la peau blanche. Il faut donc les dégager par la force organisée, localement, nationalement et, comme on pourra, internationalement. Et ce bloc, ça n'est que le bloc populaire : les gens des villes, des campagnes et des banlieues qui n'ont, pour l'heure, que leurs bras pour vivre. Un bloc hétérogène, bien sûr. Seul un front est en mesure de déborder ces contradictions et de prendre en charge les enjeux vitaux auxquels nous faisons face. Je crois que la France célèbre ça sous le nom de « révolution ».

LÉA CHAMBONCEL

QU'EST-CE QUI TE REND OPTIMISTE DANS LA PÉRIODE ACTUELLE ?

Ce qui me rend optimiste dans la période actuelle c'est le sentiment que le peuple démontre sa capacité à résister et à imaginer autre chose que ce qu'on cherche à lui imposer par l'oppression, la violence et un récit dominant omniprésent. C'est vrai depuis des années mais ça s'est vraiment structuré avec la mobilisation contre la réforme des retraites : il y a un *momentum* très fort qui est peut-être lié à la détestation du gouvernement d'Emmanuel Macron et de sa politique néolibérale, une prise de conscience assez incroyable, un développement des consciences politiques que je n'ai peut-être moi-même jamais connu de mon vivant.

Je crois vraiment à un mouvement insurrectionnel dans le mandat actuel. Je n'exclus absolument pas la possibilité d'une révolution. Tous les ingrédients sont là : les gens n'en peuvent plus, ils ont réussi à faire comprendre à ce gouvernement méprisant que ça suffisait de les prendre pour des cons et ils prouvent qu'ils ne le sont pas. Il y a des choses qui sont irrattrapables. Il y a aussi une certaine alliance des luttes qui se structure de plus en plus et que je vois dans les milieux militants. J'ai l'impression qu'il y a une prise de conscience globale et généralisée, des gens qui arrivent à se rencontrer, notamment sur ce dénominateur commun qui est la détestation du régime actuel et le mépris du peuple.

Je travaille au quotidien avec des gens qui sont censés être « des gens qui ne s'intéressent pas à la politique » mais qui s'y intéressent fondamentalement. Moi, mon combat c'est de montrer que la politique c'est l'affaire de toutes et tous, qu'on est toutes et tous légitimes à s'y intéresser et que personne n'est trop con pour comprendre. Peut-être que c'est le fruit de mon travail de vulgarisation mais je trouve qu'il y a une volonté de comprendre de plus en plus importante car c'est aussi en comprenant la politique et l'envers du décor qu'on va reprendre le pouvoir.

JE CROIS VRAIMENT À UN MOUVEMENT INSURRECTIONNEL DANS LE MANDAT ACTUEL. JE N'EXCLUS ABSOLUMENT PAS LA POSSIBILITÉ D'UNE RÉVOLUTION.

Journaliste et fondatrice
de *Popol Média* (média proposant
un regard féministe sur la politique)

QUELLE EST LA CHOSE QU'ON NE FAIT PAS ASSEZ, QU'IL EST GRAND TEMPS DE FAIRE POUR REPRENDRE LE DESSUS ?

S'autoriser à rêver, à y croire vraiment. Depuis très longtemps en politique, des affects néfastes sont convoqués et nous placent dans une incapacité à agir, dans une forme d'inertie, parce qu'on a peur.

Les gens ont peur de perdre leur emploi, de ne pas avoir de quoi bouffer, du dérèglement climatique… et personne ne propose un projet de société où la peur ne serait plus au centre. C'est justifié que les gens aient peur mais les politiques en jouent énormément.

Il est très important de montrer qu'on peut convoquer de nouveaux affects liés au commun : de la joie, de l'utopie… Il faut s'autoriser de nouveau à rêver et montrer que certes ce ne sera pas évident pour tout le monde, en particulier pour les plus démunis, mais qu'un changement radical est nécessaire. Il faut avoir foi de nouveau dans le pouvoir collectif et dans la possibilité du changement : on est la majorité.

Écrivain,
critique de cinéma
et littéraire.

FRANÇOIS

JE N'AI RIEN À PRESCRIRE À AUTRUI, MAIS BEAUCOUP À MOI, ET CETTE PRESCRIPTION SERAIT : VA DAVANTAGE À CE QUI TE FORTIFIE, ET ÉVITE TOUJOURS MIEUX CE QUI T'AFFAIBLIT.

QU'EST-CE QUI TE REND OPTIMISTE DANS LA PÉRIODE ACTUELLE ?

Il y a cette formule de Gramsci, devenue un cliché tant elle percute : « *pessimisme de la raison, optimisme de la volonté* ». On voit l'idée : l'observation de la réalité incline au pessimisme, et on ne saurait être optimiste qu'au prix d'un saut volontariste. Le pessimisme s'infère d'un constat, l'optimisme procède d'une volonté.

Mais la volonté d'optimisme elle-même procède de quoi? Pourquoi un-e tel-le veut l'optimisme, pourquoi un-e tel-le ne le veut pas. Quelle est donc l'énergie qui fait vouloir être optimiste?

Cette énergie s'appelle la joie. Elle ne se décrète pas. Elle coule dans nos veines ou pas. La joie n'a à voir ni avec l'état objectif du monde (et pour cause), ni avec la morphologie de la période actuelle. Elle a à voir avec un certain état du corps, un certain niveau de santé. Avec certaines dispositions inégalement réparties d'un individu à l'autre. Avec des joies déjà éprouvées et qu'on a envie de reproduire. Je connais mal la vie de Gramsci mais je me dis que son volontarisme vient de son amour du monde ouvrier, du monde paysan, de sa familiarité avec l'*ethos* populaire, peut-être aussi de son amour en soi du combat, des luttes, des situations de grèves, et, qui sait, du soleil de la Sardaigne.

La joie est presque synonyme de la vitalité. Je suis vivant, je me sens vivant, j'aime être vivant, je jouis de l'être, je cherche à augmenter ma jouissance. C'est toute cette petite chimie interne qui m'incline à vivre davantage. Qui me porte vers mes semblables, et qui parfois me porte vers la politique, et ce sans considération de l'utilité de la démarche. Ce n'est pas le propos. L'efficacité prévisible n'est jamais le sujet. Le corps ne fonctionne pas comme ça. Je peux me lancer dans une histoire d'amour en sachant très bien qu'elle est sans issue. Il y a juste que mon corps le veut. La formule de Gramsci fait bien de séparer raison et volonté. Chacune a son fonctionnement propre. Je peux donc raisonnablement trouver l'art inutile et vouloir le pratiquer – parce que je m'y sens bien. Je peux sentir qu'un mouvement politique est sans issue et m'y joindre corps et âme – parce que je m'y plais.

BÉGAUDEAU

QUELLE EST LA CHOSE QU'ON NE FAIT PAS ASSEZ, QU'IL EST GRAND TEMPS DE FAIRE POUR REPRENDRE LE DESSUS ?

Pour « reprendre le dessus », nous devons être forts. Nous devons cultiver notre force. Je n'ai rien à prescrire à autrui, mais beaucoup à moi, et cette prescription serait : va davantage à ce qui te fortifie, et évite toujours mieux ce qui t'affaiblit.

Évite toujours mieux : les essais mal écrits, les romans que tu lis pour la joie mauvaise de les détester, les plateaux de télé que tu suis pour la joie mauvaise de pester contre, les débats de merde, les débats tout court, les débats d'idées, les querelles de réseaux, les bisbilles politicardes y compris au sein de ton camp – surtout au sein de ton camp – les anathèmes moraux, les plans sur la comète programmatiques, les spéculations stériles sur l'après-révolution, les sempiternelles controverses théoriques sur prendre l'État ou pas, recourir à la violence ou pas, sortir de l'Euro ou pas, que de son sabre affuté le réel des pratiques tranche ou tranchera en trois secondes.

Va davantage : à tes amis, aux artistes qui t'enjouent, aux livres qui te transportent, aux morceaux de musique qui te foutent en l'air. Bouffe toujours plus de réel. Le réel est ta joie. Tu ne regardes pas encore assez le réel. Tu n'utilises pas encore assez tes yeux et tes oreilles. Tu as encore trop souvent la tête dans les idées, comme on dit la tête dans les étoiles. Vois plus de documentaires. Écoute plus d'émissions documentaires. Écoute plus les gens raconter leur vie. Balade-toi davantage parmi les gens. Attarde-toi plus longtemps avec des jeunes écologistes radicaux, avec des jeunes activistes, avec des jeunes féministes – ce sont eux qui ont les clés, pas toi. Attarde-toi dans les maisons où on t'accueille, égare-toi dans les entrepôts, assieds toi sous des serres maraîchères. Gorge-toi de réel. On n'en mange jamais assez. Le réel c'est nos épinards de Popeye à nous. Une bonne dose de réel en boite et nous voici galvanisés. Nos petits corps chétifs auraient presque l'air musclés. Soudain ils font peur. Soudain la force a changé de camp.

VICTOIRE

QU'EST-CE QUI TE REND OPTIMISTE DANS LA PÉRIODE ACTUELLE ?

COMME L'ÉCRIT L'ANTHROPOLOGUE CHOWRA MAKAREMI, DANS LE LIVRE QU'ELLE CONSACRE À CE MOUVEMENT : *« L'ESPOIR, C'EST PAS UNE RESSOURCE EXOTIQUE, C'EST UNE PRATIQUE POLITIQUE. »*

Les prises de conscience de l'urgence écologiste, visibles par de multiples signes (discours médiatiques, plaisanteries, productions culturelles, manifestations…). Il me semble que certaines convictions anticapitalistes deviennent de plus en plus populaires. Par exemple : on ne peut pas avoir de croissance infinie dans un monde fini ; l'accaparement des richesses par une minorité est une grande injustice ; que le combat pour l'émancipation, ce n'est pas le combat pour l'égalité (« qui voudrait une part égale d'une tarte cancérigène pourrie? »).

Le mouvement Femmes, vie, liberté, en Iran, qui malgré une répression épouvantable, persiste. Le courage des activistes me stupéfait. Je n'en reviens pas : ces collégiennes qui risquent leur vie, toustes celleux qui descendent dans la rue, arrachent leur voile dès la sortie de prison, crient haut et fort leur opposition à ce régime totalitaire… c'est inouï. Et s'ielles en sont capables, nous le sommes nous aussi. Comme l'écrit l'anthropologue Chowra Makaremi, dans le livre qu'elle consacre à ce mouvement : *« l'espoir, c'est pas une ressource exotique, c'est une pratique politique. »*

TUAILLON

Animatrice des podcasts *Les Couilles sur la Table* et *Le Cœur sur la table* et autrice des deux ouvrages du même nom.

QUELLE EST LA CHOSE QU'ON NE FAIT PAS ASSEZ, QU'IL EST GRAND TEMPS DE FAIRE POUR REPRENDRE LE DESSUS ?

À la fin de toutes les discussions, prises de paroles, productions écrites, demander et formuler plusieurs pistes concrètes de solutions individuelles et collectives. La critique, aussi brillante soit-elle, ne suffit pas : il nous faut, pour chaque sujet, nous colleter sérieusement à la question « que faire ? » sans louvoyer. C'est un devoir éthique, à mon avis, quand on prend la parole sur des sujets politiques, de ne pas se laisser paralyser par la lucidité : « *tout est foutu, les gens sont cons, le système trop puissant, nous sachons* ». De même, décrivons, avec force détails, à quoi pourrait ressembler un monde où nos luttes seraient victorieuses : nous avons besoin de visions enthousiasmantes pour avancer.

S'intéresser vraiment aux luttes des camarades dans d'autres pays. Sortir du nombrilisme franco-français permet d'apprendre et de s'inspirer.

Prendre l'air, boire de l'eau, fréquenter celleux qu'on aime plutôt que d'alimenter des polémiques sur les réseaux sociaux (ce qui prend, je trouve, beaucoup d'énergie, et donne *in fine* toujours plus de visibilité aux contenus haineux.)

Se mettre en mouvement physiquement : courir, se battre, danser, jouer, ce que vous voulez pour bouger le corps. Parce que les luttes ont besoin de plaisir, de rêves et de jeu ; pour le plaisir de se sentir vivant·e et d'éprouver sa liberté physique ; pour permettre à notre pensée et à nos rêves de tracer d'autres chemins ; parce que des intuitions salutaires se lovent dans nos muscles ; parce qu'il n'y a pas de raison de laisser le sport aux néofascistes et autres obsédés de la performance.

C'EST UN DEVOIR ÉTHIQUE, À MON AVIS, QUAND ON PREND LA PAROLE SUR DES SUJETS POLITIQUES, DE NE PAS SE LAISSER PARALYSER PAR LA LUCIDITÉ : « *TOUT EST FOUTU, LES GENS SONT CONS, LE SYSTÈME TROP PUISSANT, NOUS SACHONS* »

ELISA ROJAS

QU'EST-CE QUI VOUS REND OPTIMISTE DANS LA PÉRIODE ACTUELLE ?

Je trouve la question drôle et ironique compte tenu de mon état psychologique actuel. Je vais être honnête : peu de choses me rendent optimiste en ce moment.

La gestion du Covid, ou plutôt sa négation, et la fascisation de la société dans laquelle elle s'inscrit me terrorise. Les deux sont d'ailleurs indissociables. La négation du Covid est l'une des manifestations de cette fascisation puisqu'elle est sous-tendue par des discours eugénistes qui hiérarchisent les existences. Tout le monde a accepté de tirer un trait sur toutes les mesures de prévention face au virus au mépris des considérations scientifiques, du principe de précaution le plus élémentaire et de tout bon sens, et ce, sur la base d'un mensonge : le Covid serait bénin pour les personnes en bonne santé et dangereux uniquement pour les personnes dites « vulnérables » c'est-à-dire âgées ou déjà malades, dont les vies sont de toute façon inutiles et que l'on peut abandonner à leur sort. Combien de temps faudra-t-il pour que les gens réalisent qu'il s'agit d'un énième scandale sanitaire, qu'en réalité le Covid affaiblit et détériore tous les organismes sans distinction et que c'est la santé de tous que nous sommes en train de sacrifier. Ce n'est sans doute pas l'optimisme que vous attendiez, mais je ne peux pas faire l'impasse sur ce sujet et la période particulièrement sombre que traversent actuellement toutes les personnes qui ont conscience de la situation politique et sanitaire, parmi lesquelles évidemment de nombreuses personnes malades et/ou handicapées. La seule chose qui me rassure peut-être ce sont les jeunes générations de militantEs, leur énergie, leur compréhension plus aiguë du monde que nous au même âge et leur envie d'agir. Si impulsion il y a, elle ne pourra venir que des plus jeunes.

Avocate, co-fondatrice du Collectif Luttes et handicaps pour l'égalité et l'émancipation (CLHEE) et autrice de *Mister T et moi* (2020, Éditions Marabout).

QUELLE EST LA CHOSE QU'ON NE FAIT PAS ASSEZ, QU'IL EST GRAND TEMPS DE FAIRE POUR REPRENDRE LE DESSUS ?

Si seulement je le savais, je serais riche… Plaisanterie mise à part, la force du capitalisme c'est de nous sidérer par sa violence et de nous convaincre qu'il n'y a pas d'alternative possible, de nous convaincre de notre impuissance. En ce moment, j'ai l'impression qu'à gauche on ne croit pas en nous-même (je m'inclus dans le lot), on ne croit pas sincèrement dans la possibilité d'un autre monde que celui que l'on connaît. Il nous manque l'espoir et sans doute l'imagination. Pourtant, dès que l'on a de nouveau la sensation de pouvoir influer sur le cours des choses pour les changer, la morosité disparaît, la joie revient. La séquence de la réforme des retraites, les mobilisations qui ont suivi le 49.3, les casserolades etc. nous l'ont montré, même brièvement. Il faut arrêter de raisonner à partir du cadre imposé. Il faut arrêter de suivre l'agenda et les thématiques imposés par la droite, de chercher à gratter des idées et des votes de leur côté. Revenir à gauche une bonne fois pour toutes. Il faut croire en la réalité d'une société radicalement différente pour retrouver l'espoir et la joie, qui sont quand même deux forces mobilisatrices majeures. On ne peut pas continuer à éviter le pire ou à voter par défaut, il faut un objectif qui donne envie, qui donne du sens, qui permette de se projeter.

EN CE MOMENT, J'AI L'IMPRESSION QU'À GAUCHE ON NE CROIT PAS EN NOUS-MÊMES (JE M'INCLUS DANS LE LOT), ON NE CROIT PAS SINCÈREMENT DANS LA POSSIBILITÉ D'UN AUTRE MONDE QUE CELUI QUE L'ON CONNAÎT.

FRANÇOISE VERGÈS

Militante féministe et décoloniale, Senior Research Fellow, Sarah Parker Centre, UCL, Londres.

QU'EST-CE QUI VOUS REND OPTIMISTE DANS LA PÉRIODE ACTUELLE ?

Ce qui me rend (et m'a toujours rendue) optimiste, c'est le fait que pas un jour ne se passe sans qu'il n'y ait des grèves, des blocages, des occupations, des manifestations, des publications, et des organisations (visibles ou souterraines) d'actions visant à démanteler les systèmes d'oppression, de dépossession et d'exploitation. Pas un jour ! Chaque matin quand je me lève, je sais qu'en plusieurs parties du monde, le feu de la révolte brûle.

Ça ne s'arrête jamais. L'aspiration à la liberté, à la joie, la dignité, l'égalité, à la satisfaction de besoins vitaux – la terre, l'eau, l'air – nourrit une énergie et un courage admirables ! Parce qu'en face, ça n'hésite pas. L'État autoritaire, complice du capitalisme racial et de l'impérialisme, frappe, mutile, emprisonne, criminalise, expulse, censure. Ils veulent que leur monde soit le monde. Quand la révolte est à sa porte – en France, Gilets jaunes, mobilisations contre leurs méga projets, jeunes Noirs et de jeunes Arabes les défiant après le meurtre du jeune Nahël Marzouk, la bourgeoisie panique et invoque les fantômes de Guizot[1] et de Thiers[2], de Bugeaud[3] et de Pasqua[4], pour justifier une répression féroce, des peines lourdes de prison pour rien. Avec ses coups de menton et son amour de l'ordre et de l'autorité, la bourgeoisie indique bien quel monde elle veut. Et c'est partout ainsi.

Je ne suis pas béate. Je ne nie pas les défaites, le découragement, les sentiments contraires, les reculs, les trahisons, le sentiment d'être en face d'un mur contre lequel on se cogne et qui ne tombe pas et que ça donne envie d'éteindre la radio et de tourner le dos à tout ça. À La Réunion alors que le découragement pouvait gagner devant la perte d'élections après élections des communistes anticoloniaux grâce à la fraude soutenue par l'appareil d'État, mon père, dirigeant communiste[5], disait de ne pas se faire d'illusions sur l'ennemi, il n'allait pas respecter la « démocratie » si cela signifiait un affaiblissement de son pouvoir. Seul le rapport de force le ferait reculer, et il faut aussi, comme le disait Stuart Hall[6], apprendre à se battre sans garantie.

La lutte a ses morts et ses deuils. Elle est aussi traversée de divisions. Comment éviter le découragement, la désillusion mortifère ? Le savoir intime que la lutte est longue et difficile. Les luttes des esclaves et esclavagisé.es sont pour moi exemplaires à ce titre. Pendant quatre siècles, pas une année sans fuites de la plantation, incendies de champs de canne, révoltes, insurrections et bien sûr la Révolution haïtienne[7].

Les meurtres impunis de jeunes Arabes et Noirs depuis des décennies, la criminalisation d'activistes, l'empoisonnement par le chlordécone de la Guadeloupe et de la Martinique, la dévastation de la Guyane, l'occupation de Mayotte, les dissolutions de mouvements comme le CCIF, les lois successives de répression, de surveillance et de militarisation, les prisons surchargées à abolir, la violence contre les femmes, les gays, nourrissent l'esprit de révolte.

Sans doute, faut-il aussi ne pas oublier de rire, de lire, de faire la fête, du foot, que sais-je, des choses qui échappent à l'atmosphère mortifère du capitalisme et qui font plaisir.

QUELLE EST LA CHOSE QU'ON NE FAIT PAS ASSEZ, QU'IL EST GRAND TEMPS DE FAIRE POUR REPRENDRE LE DESSUS ?

C'est difficile de répondre à cette question, je ne me vois pas donner de leçons, surtout que des tas de choses se font. Ça dépend aussi d'où on parle, comme on dit.

Peut-être, encore plus d'éducation politique : bien comprendre comment le colonialisme, le capitalisme, le racisme, le sexisme, l'économie d'extraction, fabriquent un monde irrespirable et inhabitable pour des milliards de personnes, surtout au Sud global. Nourrir la curiosité militante, dénaturaliser ce qui est présenté comme « le monde a toujours été ainsi ». Apprendre à dépasser la demande de représentation, comprendre que la visibilité sans rapport de force finit par être absorbée dans la représentation/pacification. Apprendre à surmonter le désir « d'en être », d'être enfin « remarquée » par le pouvoir. On voit bien par exemple quel est l'objectif de l'antiracisme néolibéral et le féminisme étatique aujourd'hui : offrir un peu de reconnaissance afin de pacifier les luttes. Mais le système continue et exploitation et inégalités perdurent.

Reprendre le dessus ? Ne pas fléchir, savoir quand il faut opérer des replis, être dans l'ombre, construire des refuges et des sanctuaires, continuer.

CHAQUE MATIN QUAND JE ME LÈVE, JE SAIS QU'EN PLUSIEURS PARTIES DU MONDE, LE FEU DE LA RÉVOLTE BRÛLE.

1 François Guizot (1787-1874), homme politique français sous la Monarchie de Juillet (1830-1849), renversé lors de la révolution française de 1848 alors qu'il est président du Conseil.

2 Adolphe Thiers (1797-1877), homme politique français, responsable du massacre des Communards en 1871.

3 Thomas Robert Bugeaud (1784-1849), militaire français qui joua un rôle essentiel dans la colonisation de l'Algérie et responsable de nombreux massacres.

4 Charles Pasqua (1927-2015), homme politique français, plusieurs fois ministre de l'Intérieur sous Jacques Chirac, connu pour sa répression violente des manifestations et ses lois anti-immigration.

5 Paul Vergès (1925-2016), fondateur du Parti Communiste Réunionnais.

6 Stuart Hall (1932-2014), sociologue jamaïcain, figure centrale des « *cultural studies* ».

7 La révolution haïtienne (1791-1804) est considérée comme la première révolte d'esclaves « réussie ». Elle abolit l'esclavage dans la colonie française de Saint-Domingue et fonde une république noire indépendante.

MARGOT

QU'EST-CE QUI TE REND OPTIMISTE DANS LA PÉRIODE ACTUELLE ?

J'ai le sentiment que 2023 marque la fin de nombreuses années de résignation, et ça, ça rend très optimiste ! Le gouvernement se déchaîne sur nous, l'inflation nous assomme, on subit déjà les dérèglements climatiques et la politique qui consiste à accélérer la destruction du vivant est complètement déprimante. Mais face à cela, partout dans le pays, les gens se soulèvent, souvent pour la première fois. L'impressionnant mouvement social contre la retraite à 64 ans prolongé par des grèves dans tous les secteurs pour l'augmentation des salaires, les mobilisations pour la défense des terres et de l'eau avec les Soulèvements de la Terre, ou encore les émeutes dans les quartiers populaires contre le racisme, pour la dignité de toutes et tous, sont la démonstration que nous sommes très nombreux et nombreuses à refuser ce monde et que nous sommes prêt-es à mettre de l'énergie pour en construire un autre.

J'AI LE SENTIMENT QUE 2023 MARQUE LA FIN DE NOMBREUSES ANNÉES DE RÉSIGNATION, ET ÇA, ÇA REND TRÈS OPTIMISTE !

MEDKOUR

Membre de Nantes en Commun (mouvement d'habitantes et d'habitants en faveur du communalisme).

QUELLE EST LA CHOSE QU'ON NE FAIT PAS ASSEZ, QU'IL EST GRAND TEMPS DE FAIRE POUR REPRENDRE LE DESSUS ?

Je pense que tout l'enjeu de cette période est de renouer avec l'idée que le capitalisme n'est pas naturel ni intemporel, qu'il a bien un début et qu'il peut avoir une fin. Cela signifie qu'il nous faut reprendre le chemin de la révolution, lui donner un sens nouveau, et réaffirmer que l'on souhaite une transformation profonde de la société. Pour la porter, nous devons organiser une puissance collective, une force d'action capable de faire reculer le système là où il nous attaque et d'instituer d'autres façons de faire. D'autres réalités. D'autres institutions traçant des voies de sortie.

Nous vivons à une époque où le capitalisme parvient de moins en moins à répondre à nos besoins fondamentaux de façon satisfaisante : l'eau potable est polluée à une vaste échelle et se raréfie, 12 millions de personnes vivent dans la précarité énergétique, 8 millions en insécurité alimentaire, deux fois plus de personnes vivent à la rue aujourd'hui qu'il y a dix ans… Le mythe de l'abondance possible uniquement grâce au capitalisme s'effondre. D'autres mythes sont actuellement ébranlés : ceux de la méritocratie, du travail, du marché, au profit des communs, de l'écologie, de la vie quotidienne. Les institutions actuelles sont de plus en plus contestées, délégitimées. Cela se voit à travers la baisse de participation aux élections, mais aussi dans les humiliations répétées que des milliers de personnes ont fait subir à Macron et ses ministres. On peut vraiment interpréter cette période comme une accélération du processus de destitution. L'anticapitalisme (re)devient fédérateur !

Ce processus de destitution et d'expression d'un puissant ras-le-bol peut conduire à un raidissement et à un sauvetage du système via l'extrême-droite ou, dans le meilleur des cas, à quelques concessions via des réformes superficielles comme il y en a eu pendant le mouvement des gilets jaunes. À nous de faire en sorte que ce mouvement global de contestation soit le plus utile possible.

Pour cela, je pense qu'il faut aussi construire des contre-institutions populaires qui permettent de poser les bases d'un autre monde sur lesquelles on puisse s'appuyer dans les moments de bascule. Concrètement, cela signifie s'organiser dans nos territoires pour retisser du lien social, répondre à nos besoins collectivement, construire des forces matérielles qui nous permettent de lutter contre ce qui nous détruit. Cela passe par la réappropriation collective de moyens de subsistance, le partage des terres, de l'eau, des logements. Mais aussi par l'ouverture de lieux d'organisation et de convivialité, la création de services sociaux locaux là où les services publics reculent, la création de syndicats habitants pour obtenir des améliorations de nos cadres de vie, la reprise de fermes, de moulins hydroélectriques… C'est ce que fait par exemple Nantes en commun, avec l'idée que ces initiatives ne sont porteuses de transformation qu'à condition de se penser et de s'affirmer comme telles – pas seulement des alternatives isolées, mais des composantes d'un mouvement de transformation globale.

JE PENSE QU'IL FAUT AUSSI CONSTRUIRE DES CONTRE-INSTITUTIONS POPULAIRES QUI PERMETTENT DE POSER LES BASES D'UN AUTRE MONDE SUR LESQUELLES ON PUISSE S'APPUYER DANS LES MOMENTS DE BASCULE.

OLIVIER MATEU

QU'EST-CE QUI TE REND OPTIMISTE DANS LA PÉRIODE ACTUELLE ?

LE MOT D'ORDRE N'EST PLUS UNIQUEMENT ON NE LÂCHE RIEN. C'EST LA NÉCESSITÉ QU'IL FAUT TOUT LEUR REPRENDRE QUI SE FRAIE UN CHEMIN DANS LES CONSCIENCES.

Il ne faut pas mentir, il est difficile de se montrer optimiste dans la période. La difficulté voire l'impossibilité pour de nombreuses familles de vivre dignement est prégnante. En appeler à l'optimisme pour ne pas perdre le moral est un réflexe normal. Mais c'est de lucidité dont nous avons besoin. C'est justement du côté de la lucidité que notre camp a le plus progressé ces dernières années. Pour ainsi dire, les dernières luttes sociales ont fait tomber le masque. Une grande partie de la population sait que le patronat est le donneur d'ordre du gouvernement.

Les grandes manifestations sur les retraites en 2023 ne doivent pas nous faire oublier les centaines de mouvements de grève dans les entreprises sur la question des retraites, mais aussi sur des revendications touchant aux conditions de travail, au salaire, à l'emploi et aux enjeux environnementaux. Sur tous ces sujets, des centaines de milliers de travailleurs[1] ont pu faire l'expérience concrète du refus de toute négociation de la part des directions d'entreprise. De plus en plus de travailleurs se rendent compte que le dialogue social est un mot creux. Pire, ils font face à des dirigeants de passage qui n'ont aucun intérêt pour leur entreprise. Ils n'y restent que quelques années et leur seul but est de répondre aux exigences financières du fonds de pension ou de la famille bourgeoise qui possède l'entreprise. En échange, ces équipes dirigeantes empochent de juteuses primes et vont poursuivre leur méfait dans d'autres entreprises par la suite.

Au-delà des rangs du syndicalisme de classe, une part croissante de la population et de la jeunesse fait l'expérience de cette même réalité. Nous avons donc progressé idéologiquement. Le mot d'ordre n'est plus uniquement on ne lâche rien. C'est la nécessité qu'il faut tout leur reprendre qui se fraie un chemin dans les consciences[2].

Syndicaliste,
Secrétaire de la CGT
des Bouches-du-Rhône.

QUELLE EST LA CHOSE QU'ON NE FAIT PAS ASSEZ, QU'IL EST GRAND TEMPS DE FAIRE POUR REPRENDRE LE DESSUS ?

On ne peut pas gagner la bataille idéologique sur le constat sans mener la bataille sur les perspectives. Nous devons affirmer plus clairement le clivage de classe qui nous oppose au patronat. Sans clarté sur les objectifs, c'est la résignation qui l'emporte. Un phénomène sur lequel l'extrême droite capitalise. Il faut affirmer que nous voulons diriger la production pour répondre aux besoins sociaux et environnementaux des populations et que cela passe par la remise en cause de la propriété privée des moyens de production. Il s'agit de mettre au goût du jour la double besogne : l'efficacité du combat syndical passe par les luttes pour améliorer le quotidien des travailleurs et par une lutte de fond visant à orienter la production au regard des besoins de la population.

La clarté, si elle est nécessaire, ne suffit pas. Il faut aussi démontrer qu'il est possible d'atteindre nos objectifs. Pour cela, nous devons monter des stratégies qui permettent de gagner et il nous faut communiquer sur nos victoires. Les promouvoir le plus largement possible est un rôle essentiel que doivent jouer les médias de notre camp. L'imagination et l'inventivité des travailleurs me semblent être des outils fondamentaux pour réussir. Ils permettent de trouver les leviers à actionner pour mettre à mal les directions. Pour cela, il faut libérer l'action syndicale d'une conception du dialogue social dont le camp d'en face ne veut plus.

Enfin, il nous faut garder en tête que nous faisons face à une attaque globale contre le monde du travail. Notre réponse doit donc être globale. Il nous faut davantage travailler au tous ensemble, rappeler que l'issue d'une lutte dans une entreprise a forcément un impact sur les autres luttes. Dès qu'une lutte émerge, il faut se poser la question de la manière dont nous pouvons contribuer à la faire gagner. Cette stratégie du 1 %[3], du tous ensemble selon les moyens, est aussi un levier majeur pour aller à la gagne.

IL FAUT AFFIRMER QUE NOUS VOULONS DIRIGER LA PRODUCTION POUR RÉPONDRE AUX BESOINS SOCIAUX ET ENVIRONNEMENTAUX DES POPULATIONS ET QUE CELA PASSE PAR LA REMISE EN CAUSE DE LA PROPRIÉTÉ PRIVÉE DES MOYENS DE PRODUCTION.

1 Le mot travailleur est compris de manière générique. Il comprend les femmes et les hommes tout comme les privés d'emploi.

2 À lire sur cette ligne directrice l'ouvrage de Rémi Castay et Tibor Sarcey, *Tout leur reprendre*, préfacé par Olivier Mateu, aux éditions Delga.

3 En référence au montant de la cotisation syndicale, qui est basée sur 1 % du salaire.

ADELINE

QU'EST-CE QUI TE REND OPTIMISTE DANS LA PÉRIODE ACTUELLE ?

JE RÊVE DU JOUR OÙ LES MECS N'OSERONT PLUS SORTIR LEURS FERRARIS À FORCE QU'ON LEUR JETTE DES TRUCS, DES REGARDS MÉPRISANTS, DES CAILLOUX, DES ŒUFS POURRIS, DES TROTTINETTES ÉLECTRIQUES…

C'est sûrement une réponse clichée mais le mouvement *metoo*. L'idée que la prise de parole d'une poignée de personnes puisse créer un tel raz-de-marée.

Plus largement, je pense aux *abuelas* de Plaza de mayo, à Rosa Parks, Angela Davis, aux Pussy Riots, aux Femen, à Assa Traoré, Greta Thunberg, toutes ces femmes qui auraient pu se penser impuissantes et qui sont devenues des cailloux dans les grolles d'un système qui les préférait silencieuses et à genoux. Je crois qu'elles ont moins entrepris ces actions en espérant un changement que par nécessité, parce que ça s'imposait. Et c'est peut-être la différence entre optimisme et espoir. Si demain je vais crever les pneus d'une Cayenne, je suis moins sûre de le faire pour tenter d'infléchir la cote boursière de Porsche que pour l'enfantin plaisir d'emmerder son propriétaire. Si je vais marcher pour le climat, je ne le fais pas en imaginant être entendue par quelque clampin au pouvoir, mais pour la joie de la marche, voir les copains, être ensemble. Peut-être que l'optimisme n'est possible que quand on a cessé d'espérer.

DIEUDONNÉ

Romancière

QUELLE EST LA CHOSE QU'ON NE FAIT PAS ASSEZ, QU'IL EST GRAND TEMPS DE FAIRE POUR REPRENDRE LE DESSUS ?

Je pourrais parler de la baise et des balades en forêt mais tout le monde sait ça. Se reconnecter au vivant, jouir, embrasser, observer ce qui pousse autour de nous, ce qui vole, ce qui rampe.

On a toutes et tous pu mesurer l'apaisement, voire la consolation qu'on ressent en regardant pousser un plant de tomates, en caressant un âne au bord d'un chemin, en écoutant un amoureux s'endormir dans nos cheveux. Je le fais aussi.

Mais sinon, arrêter d'admirer les dominants, les regarder pour ce qu'ils sont, pathétiques et meurtriers. Je rêve du jour où les mecs n'oseront plus sortir leur Ferrari à force qu'on leur jette des trucs, des regards méprisants, des cailloux, des œufs pourris, des trottinettes électriques… Idem pour la virilité, que plus personne ne trouve sexy ou admirable un type qui parle fort, qui coupe la parole, qui rabaisse, qui s'enfile ses 600 grammes de charolais, qui ne pleure jamais. Qu'on arrête d'enseigner aux enfants ce modèle comme celui qu'ils devraient soit reproduire, soit admirer et servir. Leur dire qu'il est ridicule et dangereux.

Aussi, une chose que je fais et qui me fait un bien fou en tant que femme, c'est un sport de combat, du jiu-jitsu brésilien. C'est de la lutte, principalement au sol, comme du MMA mais sans les coups. Ça me permet d'aller défier ces corps masculins qu'on m'a appris à craindre, ça participe de cette idée de les faire descendre de leur piédestal.

Évidemment il y a l'aspect self-défense. Bien que je me sente de moins en moins menacée, j'ai l'âge que j'ai, j'occupe moins l'espace public la nuit et, en principe, je ne laisse plus entrer les sangliers dans ma chambre. Mais c'est plus profond que ça. Avant de faire du BJJ, je ne savais pas que j'avais peur des hommes. C'est en la regardant me quitter, cette peur, que je découvre son existence. Aujourd'hui quand un homme hausse le ton, je peux encore noter ce mouvement de mon corps, cette crainte pavlovienne. La probabilité qu'il en vienne aux mains n'est jamais nulle, elle est toujours sous-entendue. Et je dois faire un effort pour me rappeler le tatami et penser « si ça se produit je suis capable de le gérer » (voire « viens coco, essaie, j'ai très envie de te démonter l'épaule », je dois apprendre à contrôler ça aussi).

Un autre attribut émancipateur du combat vient de l'agressivité que j'ai enfin le droit d'exprimer. Elle est même valorisée, je n'ai pas à tortiller des hanches, à minauder, à battre des cils, me peindre les ongles, la reconnaissance de mes partenaires viendra de ma hargne, de ma technique, de mon endurance, de ma masse musculaire. J'ai enfin le droit de ne plus être une femme, ou d'échapper aux injonctions qui conditionnent l'accès au titre. D'être moche. Devenir écarlate sous l'effort, dégouliner de sueur, le visage déformé par le protège-dents. Et qu'on m'apprécie comme ça, faire partie du (boys-)club. Les luttes féministes n'ont pas pour objet de nous faire reproduire les comportements des dominants, mais il s'agit d'un jeu, d'un simulacre. Et infiltrer le *boysclub* permet de le comprendre, de le désacraliser.

AVANT DE FAIRE DU BJJ, JE NE SAVAIS PAS QUE J'AVAIS PEUR DES HOMMES. C'EST EN LA REGARDANT ME QUITTER, CETTE PEUR, QUE JE DÉCOUVRE SON EXISTENCE.

UNE PROPOSITION

Pour le salaire unique

net pour toutes et tous

DE NICOLAS FRAMONT

Régulièrement, le débat sur les inégalités sociales revient sur la table, intercalé avec celui sur les faibles salaires. Car oui, en France, dans un des pays qui produit le plus de richesses au monde, il existe un très grand nombre de travailleurs pauvres, à tel point que l'État distribue, depuis une dizaine d'années, une « prime d'activité » destinée à arrondir les fins de mois des moins bien payés sans faire passer le patronat à la caisse. Les différences de salaires nous minent, même quand on ne regarde pas les millionnaires et les milliardaires qui nous narguent. Il y a d'abord les inégalités salariales entre femmes et hommes, énormes et qui évoluent faiblement, mais aussi les écarts entre métiers, qui font que dans ce pays comme ailleurs, ce sont ceux qui font les métiers les plus pénibles (égoutiers, agriculteurs, aides-soignantes, manutentionnaires…) qui sont les moins payés. D'une façon générale, nos écarts de salaires nous frustrent et nous divisent : qui ne s'est pas trouvé face à un collègue ou supérieur hiérarchique qui, mieux payé, en faisait beaucoup moins que vous ? Pendant ce temps, les propositions pour un monde du travail plus juste sont timides : à gauche, on propose une limitation des écarts de salaires de 1 à 20… Ce qui est déjà le cas dans nombre d'entreprises et de services publics. Choisir un écart acceptable valide l'idée selon laquelle il y aurait un écart acceptable… Et s'il n'y avait aucun écart légitime ? Et si on était tous payés pareil ?

Ceux qui sont les plus utiles sont ceux qui gagnent le moins

Durant quelques semaines, au cours du premier confinement lié à l'épidémie de Covid, les classes supérieures françaises ont eu une révélation : les gens les plus utiles à la société étaient « invisibilisées » (à leurs yeux) et constituaient le groupe qui gagnait le moins. En effet, les professions qualifiées pouvaient rester chez elles, en suspens, à écrire leurs journaux intimes et apprendre à faire du pain, sans que le monde ne s'effondre. Tout d'un coup, les « chefs de projets », « *product manager* » mais aussi les PDG, les DRH, les cadres supérieurs d'une façon générale n'étaient plus aussi indispensables qu'ils le prétendaient auprès de leurs équipes pour justifier leurs hauts revenus. En revanche, les livreurs, infirmières, aides-soignants, travailleurs de l'agro-alimentaire, caissières, éboueurs se voyaient décerner le titre flatteur de « professions essentielles ». Un certain nombre de politiques, artistes et intellectuels se sont succédés pour dire qu'il fallait « revaloriser » ces métiers mais, une fois la pandémie canalisée, ces belles intentions sont tombées aux oubliettes : depuis, les réformes de l'assurance-chômage et du RSA touchent principalement les plus précaires et surtout l'inflation est venue réduire le pouvoir de vivre de celles et ceux qui, il y a encore trois ans, étaient encensés comme utiles et indispensables.

Dans une société capitaliste et bourgeoise, il n'y a aucun lien entre l'utilité sociale réelle d'un métier et sa rémunération. Ce qui conditionne, en France, notre rémunération, est notre place dans une hiérarchie sociale qui est définie par notre appartenance à la classe dominée ou à la classe dominante. Cette appartenance est en partie définie par nos titres scolaires (en plus de notre nom, de notre patrimoine, de notre lieu de vie, etc.) – qui sont dans la quasi-totalité des cas liés à notre appartenance de classe initiale. D'où le phénomène de reproduction sociale : nous faisons globalement tous partie, à la fin, de la même classe sociale que nos parents, mais le système scolaire « égalitaire et républicain » prétend que nous devons cette place à notre travail et à notre mérite. Une fois en poste, très bien ou très mal payé, le monde du travail se charge de véhiculer les croyances et les mythes qui légitiment les inégalités de revenus que nous subissons ou dont nous bénéficions : tel PDG gagne certes beaucoup d'argent mais il travaille le soir, tandis que son employé de base (qui use son corps, vit moins longtemps que lui et ne dispose pas de son propre temps) sera « bien peinard » en rentrant chez lui. Tel restaurateur exploite le travail de serveuses et cuisiniers sous-payés mais il a « pris des risques » en montant son affaire de chaîne de Tapas frelatés (et qu'importe si son capital de départ n'est qu'une faible proportion de la fortune familiale dont il dispose par héritage).

Bref, les gens qui gagnent le plus se racontent toujours qu'il y a de bonnes raisons pour qu'ils gagnent davantage que les autres, à commencer souvent par leur niveau d'études. Or, en France comme ailleurs, les études en école de commerce ou dans les grandes écoles, où la proportion d'étudiants boursiers reste faible, sont un privilège social, pas un sacrifice ; les jeunes filles que l'on place en apprentissage dès 15 ans pour devenir coiffeuses, elles, font un sacrifice et travaillent dur. Leur utilité sociale n'est plus à démontrer – il suffisait de voir la tronche des gens pendant que les salons de coiffure étaient fermés en 2020, sans compter que ces endroits sont devenus à peu près le seul lieu de sociabilité dans nos villages – pour autant, elles sont très mal payées. Selon la grille salariale de la convention collective de la coiffure 2022, une coiffeuse « hautement qualifiée » peut espérer toucher 1720 euros brut mensuels.

On a beau creuser, il n'y a aucune raison légitime aux inégalités de salaires

On a beau examiner les motifs, il n'y a rien qui tienne la route pour justifier des inégalités de salaire. Et on ne parle pas seulement de l'écart entre celui d'un éboueur ou d'un grand patron. Même le fait qu'au sein d'une même entreprise l'un gagne deux fois plus que l'autre n'est jamais honnêtement justifiable. **Les inégalités de salaire ne font que reproduire les inégalités arbitraires en vigueur dans la société : c'est en fait la seule explication qu'on trouve en définitive.** Dans le secteur privé, les femmes gagnent, à temps de travail équivalent, 15,5 % de moins que les hommes en moyenne (INSEE Focus, juillet 2023). Pourquoi ? Parce que les femmes travaillent moins dur et sont moins compétentes que les hommes ? À part Eric Zemmour et ses fans, plus grand monde ne pense ça. Mais personne ne semble faire le lien entre cette inégalité intolérable et le mécanisme général qui consiste à inventer de toutes pièces des règles pour justifier des écarts de salaire : motivation individuelle, type de poste, niveau – supposé – de responsabilité (on connaît tous des chefs « responsables » qui n'en fichent pas une et se reposent sur les autres), niveau de diplôme... Et même ce dernier critère a ses propres règles arbitraires : ainsi, on sera mieux payé si l'on a obtenu bac+5 dans une grande école que dans une université. Pourtant, le niveau d'étude est le même, mais le prestige social diffère : les grandes écoles et écoles de commerce donnent un titre – comme dans une société d'ancien régime – et un réseau. En bref, des attributs de classe, qui nous donnent ensuite la légitimité de recevoir la rente associée à notre fonction prestigieuse dans la hiérarchie bourgeoise.

ON POURRAIT TOUT À FAIT DÉFINIR LA HIÉRARCHIE DES SALAIRES EN FONCTION D'AUTRES CRITÈRES : PAR EXEMPLE, ÉTANT DONNÉ QU'UN OUVRIER A UNE ESPÉRANCE DE VIE 6 ANS INFÉRIEURE À CELLE D'UN CADRE, ON POURRAIT FAIRE EN SORTE QUE CE DÉSAVANTAGE TERRIBLE, QUI SE TRADUIT PAR UNE MAUVAISE SANTÉ LIÉE À UN TRAVAIL PÉNIBLE, SOIT COMPENSÉ PAR UNE RÉMUNÉRATION SUPÉRIEURE.

On pourrait tout à fait définir la hiérarchie des salaires en fonction d'autres critères : par exemple, étant donné qu'un ouvrier a une espérance de vie 6 ans inférieure à celle d'un cadre, on pourrait faire en sorte que ce désavantage terrible, qui se traduit par une mauvaise santé liée à un travail pénible, soit compensé par une rémunération supérieure. On pourrait, sur la base de l'utilité réelle des métiers, donner davantage à ceux qui, en cas de pandémie, doivent travailler quand même. On pourrait estimer que lorsqu'on a commencé à travailler tôt, via l'apprentissage, on devrait, dès ses vingt ans, avoir un salaire minimum beaucoup plus important que ceux qui font des études jusqu'à 25 ans. Mais il y aurait aussi de nombreux contre-arguments : qu'en est-il de tous ces cadres moyens qui subissent une pression au travail telle qu'elle détruit durablement leur santé mentale après un *burn out* ? Que penser de toutes celles et ceux qui travaillent durant leurs études et pour qui elles sont une réelle source de souffrance ? Et que dire des indépendants, dont la rémunération varie énormément selon leur niveau d'activité ?

Dans le doute, l'égalité totale résout tout : il faut retirer la rémunération de l'équation, faire en sorte qu'elle ne soit plus ce qui nous définit vis-à-vis de la société et de notre entourage. Tout le monde payé pareil, du pilote de ligne à la caissière, du cadre sup à l'éboueur. Ça ne rendrait pas la société mécaniquement juste et sans distinction : il y aurait toujours des métiers plus intéressants que d'autres, plus durs, plus stressants. Mais nous ne subirions pas en plus la double peine des faibles salaires pour des métiers harassants, et des hauts revenus pour ceux qui ne subissent ni chef ni souffrance physique.

71 % des salariés vont gagner plus en cas d'instauration d'un salaire égal

La majorité de la population gagnerait à l'instauration du salaire égal : en effet, en France, le salaire moyen, c'est-à-dire la somme de tous les salaires divisée par le nombre de travailleurs, est de 2600 euros net. **Si l'on redistribue la somme des salaires entre tout le monde, on obtient donc 2600 euros net chacun**. Une telle somme n'est pas indigente pour un cadre qui a fait des études. Mais cela change tout pour une caissière qui est sous-payée depuis son baccalauréat. Ou pour une coiffeuse qui travaille depuis ses 15 ans. C'est la fin de la galère pour plus de la moitié de la population : car oui, selon l'Observatoire des inégalités, 71 % des gens gagnent moins de 2600 euros net. Si cette moyenne est si élevée, c'est parce que les 29 % restants, eux, gagnent parfois bien plus que 2600 net. C'est pourquoi, si on remet tout dans un pot commun et que l'on partage équitablement, près des deux tiers des travailleurs vont y gagner. On peut bien sûr discuter des modalités de cette égalité totale. On peut ainsi définir des écarts mais qui sont liés à des paramètres strictement objectifs et mesurables, pas à des croyances : par exemple, l'ancienneté pourrait rester, comme c'est le cas actuellement, un critère d'inégalité salariale. Ensuite, le fait de travailler de nuit ou en horaires décalés – deux modalités qui ont des effets avérés sur la santé – pourrait faire l'objet d'augmentation de salaire automatique, pour inciter les employeurs à ne pas y avoir trop souvent recours.

Le salaire unique ne résout pas tout, loin de là. Le patrimoine, qu'il soit financier ou immobilier, devient de plus en plus la principale source d'enrichissement pour les gens aisés et la bourgeoisie. Mais il vient casser toutes les croyances bourgeoises que sous-tend l'inégalité salariale actuelle : la différence de compétence, de mérite, de responsabilité mais aussi les discriminations entre les femmes et les hommes et entre les blancs et les non-blancs. C'est pourquoi le salaire égal et unique doit être appliqué dès maintenant, partout où l'on peut déjà le faire : coopératives, ONG, partis de gauche, médias militants... Partout où le salaire unique s'impose, les valeurs bourgeoises reculent et le monde que nous rêvons apparaît. ▪

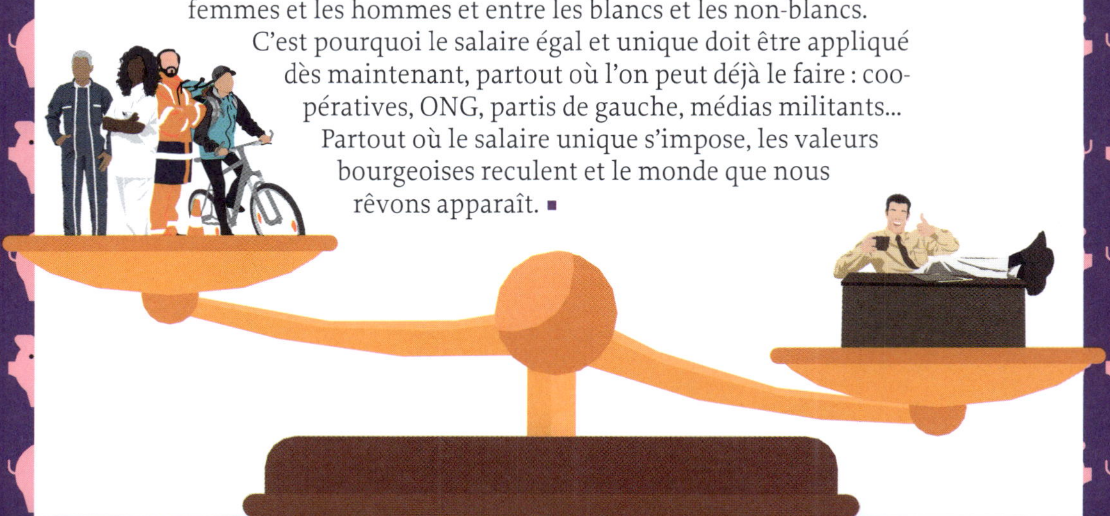

FRUSTRASCOPE

BÉLIER

21 mars - 20 avril

Amour ☆☆

Le nouveau délégué du personnel pourrait bien faire chavirer votre cœur.

Travail ☆☆

Soleil en conjonction avec Mercure favorise le dialogue social.

Bien-être ☆

Le trafic routier vous met en rogne : envisagez des mobilités plus douces non émettrices de CO_2.

TAUREAU

21 avril - 20 mai

Amour ☆☆

Les tentatives de votre partenaire pour sauver votre couple malgré son dernier vote pour Macron échouent une nouvelle fois.

Travail ☆

Une panne inopinée de la machine à café vous contraint au chômage technique.

Bien-être ☆☆☆

Votre arrêt maladie est prolongé au-delà de vos espérances.

GÉMEAUX

21 mai - 21 juin

Amour ☆☆☆

Le partage égalitaire des tâches domestiques apaise votre couple.

Travail ☆☆☆

Suite à la démission de votre manager, vous faites le plein de télétravail !

Bien-être ☆☆☆

Le passé nazi d'un présentateur de CNews remonte à la surface et met fin à son émission.

CANCER

22 juin - 22 juillet

Amour ☆☆☆

La conjonction Vénus-Neptune vous radicalise politiquement et relance votre libido.

Travail ☆☆☆

Vous redécouvrez les joies de la sarbacane dans l'*open space*.

Bien-être ☆

Vous apprenez les dividendes record atteints par votre entreprise après un paiement rejeté à la caisse de votre supermarché.

LION

23 juillet - 22 août

Amour ☆☆

Surprise : un mystérieux inconnu vous tend un tract CGT avec son numéro au dos…

Travail ☆

Suite à un refus de congés, vous imprimez ostensiblement au bureau votre CV en plusieurs dizaines d'exemplaires.

Bien-être ☆

La CAF vous réclame un trop-perçu.

VIERGE

23 août - 22 septembre

Amour ☆

Votre ex toxique reconverti coach en développement personnel vous retrouve sur LinkedIn.

Travail ☆

Votre patron (qui fait 10 fois votre salaire) vous demande chaque matin comment ouvrir un pdf sur son PC.

Bien-être ☆☆

Après 117 visites infructueuses d'appartements, un boomer multipropriétaire consent à vous louer un studio mal entretenu.

Que vous réservent les astres et la conjoncture économique ?

Thibaut Izard

BALANCE

23 septembre - 22 octobre

Amour ☆☆☆
Votre *coming out* anticapitaliste se passe bien et vous rapproche de votre dernier date Tinder.

Travail ☆☆☆
Un atelier « Éveil des sens sur son lieu de travail » organisé par la direction est annulé faute de participants.

Bien-être ☆
Les punaises de lit débarquent chez vous et devraient rester jusqu'au prochain réalignement de Mars et Saturne.

SAGITTAIRE

23 novembre - 21 décembre

Amour ☆☆
Une période de chômage vous permet enfin d'organiser un *road trip* en amoureux et de vous retrouver avec votre moitié.

Travail ☆☆☆
Suite à une erreur de calcul sur vos indicateurs de performance, vous touchez une prime inattendue.

Bien-être ☆
Un déjeuner de famille incluant votre oncle raciste se profile à l'horizon…

VERSEAU

21 janvier - 18 février

Amour ☆
Un rencard avec un étudiant en école de commerce tourne court après lui avoir révélé votre taux d'imposition préféré.

Travail ☆
Un *chief happiness officer* vous traque dans les couloirs pour vous obliger à partager un moment de convivialité pendant votre pause déjeuner.

Bien-être ☆
L'attraction de Vénus par Mercure ravive votre éco-anxiété.

SCORPION

23 octobre - 22 novembre

Amour ☆☆
Une manifestation sauvage s'improvise et pourrait déboucher sur une belle recontre…

Travail ☆
De retour de vacances, vous affrontez les mails passifs-agressifs du service RH.

Bien-être ☆☆☆
Les astres vous chouchoutent : votre ancien employeur est enfin condamné pour le non-paiement de vos heures supplémentaires.

CAPRICORNE

22 décembre - 20 janvier

Amour ☆☆☆
L'alternant se révèle être un excellent coup.

Travail ☆☆☆
Votre Lune en Verseau vous couvre de bienfaits : un superviseur insistant dont l'haleine vous contraignait à l'apnée vient d'être muté.

Bien-être ☆☆☆
Votre précédente boîte où vous aviez subi du harcèlement vient de déposer le bilan.

POISSONS

19 février - 20 mars

Amour ☆
Vous recroisez votre crush de lycée lors d'une soirée mais celui-ci ne vous reconnaît absolument pas.

Travail ☆☆
Votre entretien annuel se passe bien mais on vous fixe pour objectif de davantage participer aux événements d'entreprise.

Bien-être ☆☆☆
En déplacement au salon de l'innovation, Macron se prend une nouvelle gifle.

AIDEZ-NOUS

À GRANDIR !

Achevé d'imprimer par l'imprimerie Jelgavas (Lettonie) en janvier 2024.
Photogravure : Atelier Frédéric Claudel, Paris